勇往值钱

做自己人生的CEO

Make Life More Valuable

于振源 著

中国科学技术出版社

·北京·

图书在版编目（CIP）数据

勇往值钱：做自己人生的 CEO / 于振源著 . —北京：中国科学技术出版社，2024.8（2024.12 重印）
ISBN 978-7-5236-0668-1

Ⅰ . ①勇… Ⅱ . ①于… Ⅲ . ①成功心理—通俗读物 Ⅳ . ① B848.4-49

中国国家版本馆 CIP 数据核字（2024）第 084540 号

策划编辑	赵　嵘　王绍华	执行策划	王绍华
责任编辑	孙倩倩	版式设计	蚂蚁设计
封面设计	东合社	责任印制	李晓霖
责任校对	邓雪梅		

出　　版	中国科学技术出版社
发　　行	中国科学技术出版社有限公司
地　　址	北京市海淀区中关村南大街 16 号
邮　　编	100081
发行电话	010-62173865
传　　真	010-62173081
网　　址	http://www.cspbooks.com.cn

开　　本	880mm×1230mm　1/32
字　　数	146 千字
印　　张	7.125
版　　次	2024 年 8 月第 1 版
印　　次	2024 年 12 月第 3 次印刷
印　　刷	大厂回族自治县彩虹印刷有限公司
书　　号	ISBN 978-7-5236-0668-1/B・177
定　　价	59.80 元

（凡购买本社图书，如有缺页、倒页、脱页者，本社销售中心负责调换）

| 推荐序 |

我眼中的超级成长者——于振源

我和振源是同事。2015 年，我在大都会人寿浙江分公司担任副总经理，负责分公司顾问行销渠道。当时公司正处于高速成长期，团队发展很快。我记得大概是在 6、7 月份，振源作为专业寿险顾问的候选人来公司面试，我是当时的面试官。

算算到今年已近十年，弹指一挥间。振源给我的第一印象就是阳光开朗，脸上始终带着灿烂的笑容，讲话语速很快。第一次见面我们聊得很开心，记得临走时他和我说了一段话："跨行不容易，我很慎重地做了评估。想了很久，我觉得我已经想得很清楚了，所以也下了很大的决心，希望以后能得到您的帮助。"振源可能是我面试过的人当中，极少数能够非常清晰地展现出亲和力、主动性、企图心、目标感和信念感的新人之一。不过，即便当时我非常看好他，他如今的成长、成就也依然远远超出我当时的预期。

在寿险事业上，他取得了连续 108 周达成每周成交 3 单的记录（中国寿险业可以做到连续 100 周每周成交 3 单的寿险顾问，尚未超过 1000 人；而这个行业最多的时候有将将近 1000 万人），他连续 9 年达成全球保险百万圆桌会员标准（毫无疑问，他今年会达成10年，成为全球保险百万圆桌终身会员）。他从1个人开始发展团队，团队人数最多的时候超过100人，而且团队运营的各项业绩指标均排名前列。

在大都会人寿，像振源一样业绩和管理表现都很优秀的同事很多，他只是其中之一。但是谈到个人成长和个人品牌影响力，从行业影响力到社会影响力，特别是在个人系统成长、品牌经营、影响力打造、高效学习等领域，我认为即便放眼整个行业，以目前所取得的成就来说，振源依然是这个行业中的佼佼者。

我很感叹，一个人怎么可以在短短几年之内取得如此巨大的成就。拿到振源的书我是真的被震撼到了，信息密度之大，知识质量之高，系统性、可学习性、可操作性之强着实让我惊叹。这可能是我近期看过的关于个人成长最好的书。

知到极处便是行，行到极处便是知。这是一本既有高度又能落地的书，是一本唯有无数次学过、做过、深刻地反思过才能写出来的好书。我上一次有这种感受还是二十年前看《高效能人士的七个习惯》时。我会向我身边的家人、朋友推荐振源老师这本字字珠玉的好书。

最后补充一下，2019年我有幸参加了振源老师私房课第1期。这对我产生了很大的影响，极大地提升了我的学习方法、学习效率以及行动反应速度。我和振源老师现在亦师亦友，准确地讲，振源是我个人成长最好的老师。

这是他的第一本书，但以我对他的了解，应该很快就会有第二本、第三本甚至更多的好书面向读者，让我们共同期待！

贺恋疆

大都会人寿浙江分公司总经理

2024 年 5 月

| 前言 |

把自己当成一家公司来运营

每个人都是一家"无限责任公司"

2022年的伯克希尔哈撒韦公司股东大会上,一位听众向巴菲特提问:"如果仅选择一只股票来对抗高通胀,你会选择什么?为什么?"

巴菲特表示:"我要回答的可能不止一只股票。你能做到的最好的事情就是你必须擅长做某件事情。比如说,你是最好的医生、最好的律师,不管别人付你多少钱,几十亿美元也好,几百美元也好,他们愿意为你的服务付费。因此,投资自己就是最佳投资,做自己最擅长的事情,就不会担心钱因为通胀而贬值了。"

经常有人问我:"振源老师,我每次见到你,你都做成了一些事。你做保险业绩突出,登上了世界华人保险大会的讲台。做个人品牌,在线上线下开课,短视频、直播齐上阵,甚至还有时间提供私教服务。你是怎么做到的?"

我说:"我一直把自己当成一家公司来经营,为自己做事,做自己人生的CEO(首席执行官)。"

我认为，从商业的角度来说，每个人都是一家"无限责任公司"，我们要用一生的时间来经营它，对它负全责。

想象一下，你是自己这家"无限责任公司"的 CEO，还要兼任财务、技术、销售、客服、前台等工作，你将如何经营这家公司？

- 你这家公司的商业模式是什么？如何赢利？
- 你这家公司的核心竞争力是什么？技术、能力，还是资源？
- 你这家公司的服务对象是谁？有清晰的用户画像吗？
- 你这家公司靠什么赚钱？有什么产品或服务？
- 你这家公司的产品或服务在哪个渠道，以什么方式变现？

……

我的"振源无限责任公司"

任何公司要活下去，首先要保证现金流顺畅，也就是能挣钱。因此，当我把自己当成一家公司来经营时，我必须做好自己的核心业务，这是一切的起点。所以无论做什么，我都会尽力做到最好。

我是东北人，在东北农村长大，初三开始到城里上学，从班级倒数几名慢慢攀升到前几名，后来考入哈尔滨工业大学，从此改变了自己的人生轨迹。

2008 年，我加入海尔集团。在海尔集团工作的 7 年时间里，我从一线员工成长为公司最年轻的销售总监之一。

2015 年，面对行业下滑趋势，我的事业遇到了瓶颈。我坚定转型，选择进入保险行业，并加入了大都会人寿保险公司。我开启创业模式，自己当老板，自己为自己负全责。开始的时候，很多人都说我不行，于是我一点点积累，连续 108 周每周签约 3 件保单，连续 9 年完成了全球保险行业的"奥斯卡"百万圆桌（MDRT）会员目标。我成了世界华人保险大会的讲师、世界保险互联网大会讲师，创立了三元保险团队，团队从最初的 1 人，最多时发展到了 100 多人。

保险工作做好后，在保证现金流的基础上，我开始想办法让自己更"值钱"。

我是一个终身成长者。过去几年，我每年投入 10 多万元学费在各类学习课程和咨询上，不断提升自己的各项技能，如跑步、直播等，同时积极获取最新资讯，提升认知和拓宽商业思维。我让自己不断成长，并且不停地链接更优秀的人。

2019 年，我想创立一个学习社群，带动大家一起学习、成长。于是，我推出了自己的产品，从最开始 19.9 元的振源读书会，到"振源私房课"、个人品牌训练营、职场表达训练营、经典共读营……我累计推出了 10 多门课程，甚至推出了 3 万元的私教服务。现在，我的付费学员已超过千人。

2020 年，我积极拥抱自媒体，视频号累计更新超过 300 条视频，实现了短视频个人 IP（知识产权）的从 0 到 1，公众号更新了 100 多篇原创文章。这些年，个人品牌、私域运营、短视频、直播，我一一"下场"实操。

2021年，我开始聚焦线下，创立了三元成长俱乐部，每月举办一场线下主题分享活动，一场企业参访活动，现在已经举办了几十场线下活动。

线上课程、线下活动、个人IP，是我放大个人影响力的三大杠杆，给我带来了更多的客户和事业伙伴，我的业绩提升了，收益也更高了。于是，我又可以链接更好的老师，让自己快速成长、进步，将所学知识"反哺"到我的产品和服务中，不断循环迭代。现在，我已经构建了自己的商业模式，打通了"振源无限责任公司"运营的各个环节，实现了"挣钱"和"值钱"的循环运转。

实现个人商业进化

查理·芒格说过："宏观是我们必须接受的，微观才是我们能有所作为的。"虽然我们很难改变大环境，但可以经营好自己人生的"无限责任公司"。

从经营公司的视角来看，不管做什么，一定有人赢利，有人亏损，有人做什么都能获得成果，有人很努力却一事无成。为什么会这样呢？很多时候不是能力的差别，而是有的人没有明确方向，没有掌握方法。既然我们每个人都是一家"无限责任公司"，我们就需要在社会上生存、立足，这样才能在未来过上更好的生活。我们有责任让自己的个人商业模式不断进化。

前言　把自己当成一家公司来运营

本书内容源于我的口碑课程"振源私房课",教大家实现个人成长与商业进化。"振源私房课"从2019年开始上线,没有商业推广,纯靠口碑传播,已经开设了15期课程,累计超千位付费学员,营收破百万元。我用自己的方法帮助很多人实现了快速成长、进化。每次收到学员的成长反馈,我都非常开心。现在,我希望这套被我和很多人实践过、证明过的方法能影响更多人。

本书围绕个人商业模式,分为三大模块、八项能力(图0-1)。

图0-1　个人商业模型

第一模块,武装自己。打铁还需自身硬。为了创造价值,成为不可替代的存在,我们首先要让自己变得稀缺。如何变得稀缺?那就要学会高效学习,成为极致的践行者,并且掌握高效能的方法。

第二模块,与人链接。现代社会是一个合作型社会,能力再强的人都要与其他人协同合作。我们要打造个人品牌，掌握沟通方法，塑造自身的领导力，并放大自己的价值。

第三模块，价值变现。我们的"无限责任公司"只有赢利才能持续发展。我们首先要培养财商，打造自己的产品或服务，找到个人商业模式，最终构建人生的护城河。

只有三个模块环环相扣，才能真正实现个人商业模式的进阶与提升。

在不确定的世界，我们需要经营好自己的"无限责任公司"，努力提高内在的确定性，并且不断升级、进化。

目 录
CONTENTS

第 1 部分　武装自己

第 1 课　LESSON 1　003　学习：培养终身高效学习能力
- 1.1　何为学习？　006
- 1.2　学习什么？　007
- 1.3　如何学习？　023

第 2 课　LESSON 2　036　行动：成为极致践行者
- 2.1　点：扣动行动的扳机　038
- 2.2　线：完成最小闭环　045
- 2.3　面：习惯积累人生的存量　047
- 2.4　体：找到人生意义　052

第 3 课　LESSON 3　059　效能：掌握高效能充电法
- 3.1　方向：以终为始，做正确的事情　060
- 3.2　效率：掌握方法，正确地做事　063
- 3.3　精力：精力管理，为高效能保驾护航　070

第 2 部分　与人链接

第 4 课　影响他人：打造个人品牌的方法论
LESSON 4　085

4.1　什么是个人品牌？　087

4.2　振源个人品牌三步法之一：我是谁？　091

4.3　振源个人品牌三步法之二：我的代表作　101

4.4　振源个人品牌三步法之三：我的传播　106

第 5 课　高效沟通：走心沟通的底层心法
LESSON 5　114

5.1　沟通的底层逻辑　115

5.2　沟通技法：洞悉原则，高效沟通　133

5.3　沟通模型：清晰表达，顺畅沟通　142

第 6 课　领导他人：塑造可复制的领导力
LESSON 6　150

6.1　什么是领导力？　151

6.2　如何塑造领导力？　153

6.3　提升领导力的方法　159

第 3 部分　价值变现

第 7 课　财商：处理好金钱关系
LESSON 7　169

7.1　值钱：让自己变得稀缺　170

7.2　赚钱：用有限时间创造更大价值　175

7.3　管钱：守好你的钱袋子　184

第 8 课 LESSON 8　191
变现：找到个人商业模式

8.1　什么是个人商业模式？　191

8.2　个人商业模式的核心是产品　197

8.3　快速做出 MVP　201

8.4　打造人生护城河　204

结语　勇往"值钱"，从现在开始行动　209

第 1 部分
PART 1

武装自己

第1课 LESSON 1 学习：培养终身高效学习能力

尽管我们从婴儿时期就开始学习，但从本质上来说，学习是一种违反惯性的行为。因为学习不会得到即时满足，只有在花钱、花时间学习之后，继续动脑思考，改变原来的行为方式，并持续练习，才能真正掌握知识和技能。整个周期可能很长。虽然所有人都认为学习很重要，但学习让很多人都觉得挫败，以至于自称"学渣"，甚至"躺平"。

做难而正确的事情，人人都知道有价值，但真正做到的人很少。不过你应该满怀信心，因为你是自己人生的CEO，需要对自己完全负责。只有定下目标，用心做有价值的事情，才能发挥无限潜能，掌握自己的未来。

《百岁人生》一书中讲述了一个重要的理念：未来是一个长寿的社会，我们大部分人可以活到90~100岁。假设60岁退休，那么我们的退休生活将长达三四十年。在日新月异的当下，要过好三四十年的退休生活，我们需要更健康的身体、更多的财富，还要保持学习能力，跟上时代的节奏。生理机能的衰退遵循自然规律，无法避免，但智慧可以随年龄的增长而增长。

我们所处的时代，变化越来越快。过去可以在一个行业，甚至一家公司工作一辈子，现在行业随时可能发生巨变，以至于原来的知识和技能不再适用，有些公司的生命周期只有5~8年。这意味着我们要随时做好换工作的准备，可能要适应不同的岗位，甚至适应不同的行业。过去做技术，未来可能做管理；过去做市场营销，未来可能做研究。没有人可以定义我们，我们不是被框定的，而是需要不断成长的。成长最重要的能力是——学习。

老路走不到新地方。如果你希望你的"无限责任公司"变得更值钱，就一定要跳出舒适区，学习新事物，接受新挑战。一直待在舒适区，看似有安全感，但是过去的技能、专业，可能随着时间的推进，不再能解决问题，也不再值钱，甚至会成为负担，你的"无限责任公司"也将因此失去竞争优势，进入衰退期。

《大学》开篇写道：

大学之道，在明明德，在亲民，在止于至善。知止而后有定，定而后能静，静而后能安，安而后能虑，虑而后能得。物有本末，事有终始。知所先后，则近道矣。

古之欲明明德于天下者，先治其国。欲治其国者，先齐其家。欲齐其家者，先修其身。欲修其身者，先正其心。欲正其心者，先诚其意。欲诚其意者，先致其知。致知在格物。物格而后知至，知至而后意诚，意诚而后心正，心正而后身修，身修而后家齐，家齐而后国治，国治而后天下平。自天子以至于庶人，壹是皆以修身为本。

这是在告诉我们，每一件事情都有本末始终，要明白其中的先后轻重，只有抓住事物的底层规律，始终按照规律和原则做事，才能知行合一。一个人由内向外发展可分为 8 个步骤：格物、致知、诚意、正心、修身、齐家、治国、平天下。其中修身是根本，只有自身不断修行，不断进步，把自己做好了，才能促使家庭和谐，影响他人，进而影响国家，甚至影响世界。

我认为，修身涉及三个方面——身体、知识、心智。保持身体健康，持续学习新知，不断升级心智。只有坚持打磨自己，让自己变得更"值钱"，才能更好地面对未来不确定的世界。

这些年特别流行一句话："你永远赚不到你认知之外的钱。"变化越来越快的世界，有太多机会，也有太多坑，有人积极寻找机会，有人悲观"躺平"，有人焦虑内卷，有人寄希望于以小博大……选择有很多，但无论做出何种选择，我们都需要通过学习看清自己、看清未来，提升认知不断发展，并且及时避开前面的坑。

德鲁克认为一家企业只能在其经营者的思维空间之内成长，一家企业的成长被其经营者所能达到的思维空间所限制。你这家"无限责任公司"也是如此，它将受制于你的思维空间。过去的每一次选择、每一次决策，大到择偶择业、买房买车，小到读什么书、看什么电影，以及日常生活琐事，选择的内在依据就是你的思维、你的认知。拓展思维空间、提升认知、做出更好选择的方法就是学习，不断学习，终身学习。

1.1 何为学习？

到底什么是学习呢？

学习的定义可以分为狭义和广义两种：狭义的学习，是指通过阅读、听讲、理解、思考、研究、实践等途径获得知识的过程。广义的学习，是指在生活中，通过获得经验而产生的行为或行为潜能的相对持久的方式。

然而，理论性的概念，并不能为我们具体的行动提供指导。我们可以把"学习"两个字拆开来看一看。

"学"的繁体字"學"，上方是一双手捧着"爻"，爻是八卦的基本单位，代表知识，双手捧爻表达了对知识的恭敬态度；下方是房子和孩子，代表着教育孩子的学习场所。整体来看，"學"也可以理解为手把手地把知识教给学堂里的孩子。而爻本身有交错变化之意，所以"學"之一字，暗含了学习改变命运的理念。

"习"的繁体字"習"，上方是"羽"，指鸟儿，下方是"白"，原为"日"，因此"習"的本意是鸟儿在晴日学习飞行。幼鸟学习飞翔，要一次次踮起脚尖，向上跳跃，张开翅膀，尝试起飞。它们每天都要反复练习起飞动作，持续训练自己的翅膀，直到翅膀变得足够强壮，能灵活调节姿势，展翅飞翔。习的本意就是练习，可以引申为反复练习进而熟悉。

所以，学是获取知识，习是反复尝试。学是知道，习是做到，真正的学习是知行合一。

很多时候，我们非常善于学，但不善于习，上过很多课，读过很多书，但到了上手实践的时候，还是做不到。将学和习相结合，才能真正从知道过渡为做到。孔子说："学而时习之，不亦乐乎。"真正的大师都强调学习的本质是：学+习。

学习是提升认知最有效的方法。学习能力是你这家"无限责任公司"最核心的竞争力。如果你觉得自己这家"无限责任公司"没有竞争力，不确定未来会怎样，感到非常焦虑，很可能是因为你的学习能力还不够，没有足够的底气，不敢尝试新事物，只想待在舒适区，却又时时担心自己被淘汰。如果你希望自己更有底气，更有自信地面对未来的选择，那就要学习，不断学习，终身学习。

学习是方式是手段，而不是目的。学习的目的是解决遇到的问题，让自己走得更稳、更快，让自己更"值钱"，过上更好的生活。

1.2 学习什么？

世界上的知识浩如烟海，概念也可以说是数不胜数。庄子说："吾生也有涯，而知也无涯。以有涯随无涯，殆已。"就是说生命有限，知识无限，用有限的生命追求无限的知识，体乏神伤，很危险啊！但我们很多时候学了很多道理，却依然过不好这一生。

我们仿佛陷入了一个怪圈：一方面，知识浩如烟海，根本学不完；另一方面，学了好像也没有立竿见影的效果。那么，还学不学？此刻正在阅读的你，答案毋庸置疑，一定是"学"！接下来，我们要考虑具体学什么内容。

学习内容可以包括三大要素：概念、模型、系统（图1-1）。学习任何领域的知识，首先应该关注的是基本概念，然后学习模型或建立模型，将概念抽象化串联起来，最终形成一套系统，这是一个利用点线面方法构建自身知识网络的过程。系统的构建是一个长期且主要以自身为主的学习过程，因此本书主要分享概念和模型的学习。

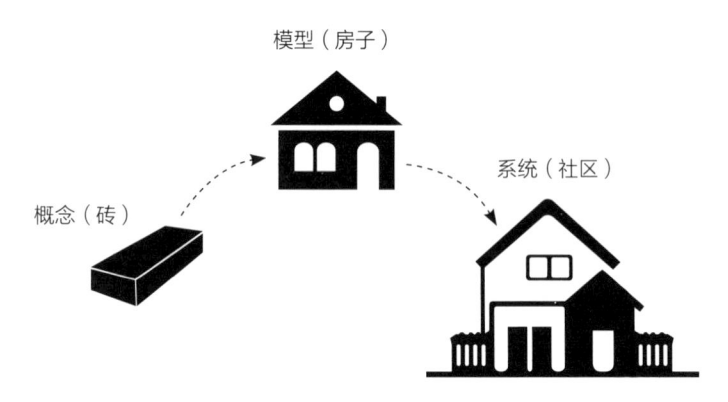

图1-1 概念、模型和系统的关系

1. 学概念

维特根斯坦说："语言是思想的边界。"你有没有词不达意的体验呢？明明脑海中有很多想法，但发现自己说不清，想说的是A，说出的却是B，总找不到合适的词清楚明白地传达信息。

还有的时候,你刚加入一家新公司,进入一个新圈子,认识一个其他行业的人,你是不是不太能理解他们所说的话呢?"行业黑话""圈子俗语"就像各种各样的方言,"十里不同音,百里不同俗",常常让外行人一头雾水。

背后的原因就在于——认知。每个人的认知都是在一定范围内的,认知的直接表现方式就是语言表达。当你的认知不够清晰时,往往无法做到表达清晰。当你和他人的认知不对称时,对同一个事物的理解和表达可能大相径庭。有的专业人士或知识渊博的人既能谈天也能说地,原因就在于他们一直在拓宽自己的认知,使得自身的认知范围足够广阔。

你可以审视自己所在的行业、公司、圈子,以及自身,其认知范围是怎样的?哪些领域熟悉?哪些领域尚未触及?哪些领域正在拓宽?

拓宽认知范围最重要的方式之一就是增加词汇量。检验自己是否掌握了某个知识点,最好的方法是把它讲给一个十岁左右的孩子听。其中的原理是以教为学,这个过程需要将知识点内化,并转化成对方听得懂的话语。其中的关键就在于语言表达,而语言表达的基础是词汇。

回想一下我们小时候的学习经历,都是从字词开始学习,知道字形字音,了解它的意思,或者说理解它所代表的概念。学会之后,我们会用它来描述眼前的世界和身边的事物。小时候学习的概念,很多人会应用一生。所以我们有时候可以通过一个人的语言表达，了解他过去的经历、生活环境等信息。

概念可以说是认知的基本构筑单位。我们的表达都是一个个概念串联在一起，清晰且准确的概念是一切思考的基石。评估认知水平，只要看两个方面：是否知道足够多清晰、准确、正确的概念？概念之间有没有清晰、准确、正确的联系？

而理解一个概念，要清楚它是什么，不是什么。因为概念也是有一定范围的。概念的"概"字，原意是量米粟时刮平斗斛用的木板。量米粟时，把"概"放在斗斛上面刮平，使之符合度量标准。换句话说，"概"的作用是在划定的范围边界里，将超出的部分刮平。"念"本义是思念、想念，可以引申为考虑、思考。所以"概念"是把对一个事物的认知求共性去差异，即抽象化，形成一个相对标准的规范表达。

你现在还有查阅《新华词典》的习惯吗？我们小时候常常通过查词典来厘清一个个概念，但在日常使用的时候，我们的表达常常还是会不够准确。现在进入网络时代，热词、新词层出不穷，"财务自由""内卷""躺平""内耗"……我们也许用得很顺手，但这些词的真正含义可能和我们所理解的并不相同。

举个例子，大家都期待自己能获得财务自由，但财务自由的概念是什么？需要多少钱才能获得财务自由？怎么做才能获得财务自由？

《富爸爸穷爸爸》中对财务自由的定义是：被动收入大于日常开支。这是从生活状态的角度对财务自由进行的定义：金钱始终有结余，无须工作，无须为生活出售时间。这一定义告诉我们具体该怎么做：想要财务自由，需要提高被动收入，缩减日常开支。这里又可以引申到"被动收入"的概念，即不需要花太多时间或精力，就可以自动获得收入，如理财收入、房产增值收入、房租收入、作品版税收入等。

好的概念，不仅清晰准确，还能指向思考，指向行动。对于"财务自由"的概念，《富爸爸穷爸爸》一书中的内容则可以用来指导行动。知道了财务自由、被动收入的概念，如果你现在还没有被动收入，接下来就可以主动规划自己的被动收入，如做理财规划，让自己在未来"躺着"也有收入。不再为生活所需而出售自己的时间，是一种自由的状态。人的终极追求是自由，财务自由会带来时间自由，所以有一天当你不需要为生活所需奔波时，你就可以做自己喜欢的事，可以去创造更多的美好。

在这个时代，头脑中的概念越清晰，行动也会越敏捷。

再来说一个大家都很熟悉的词"复利"。复利就是通常所说的"利生利、利滚利"，具体是指在计算利息时，某一个计息周期的利息是由本金加上先前周期所积累的利息总额来计算的计息方式。虽然读起来感觉很复杂，但理解复利的概念是理解财富增长的关键。

要理解复利的概念，我们可以找出它的相对概念"单利"。单利，也是一种计息方式，以单利计息一笔资金无论存期多长，只有本金计取利息。换句话说，每年计息的金额是一样的，都是本金的数额。以复利计息，每年的计息金额是上一年的本金加利息，每年本金增加，利息也会增加。

大家一定看过一个非常著名的模型（图1-2）：

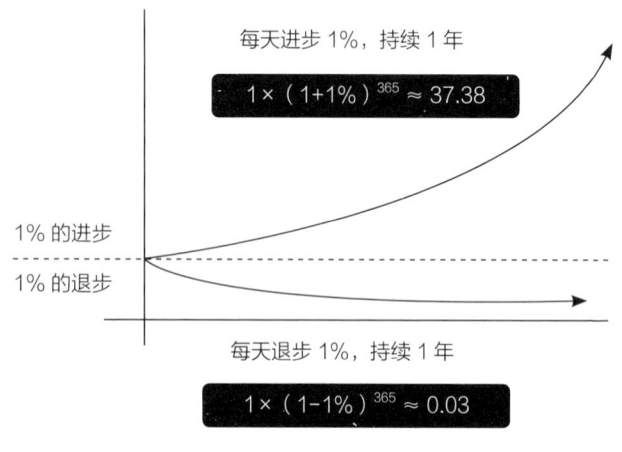

每天进步1%，持续1年
$$1 \times (1+1\%)^{365} \approx 37.38$$

1%的进步

1%的退步

每天退步1%，持续1年
$$1 \times (1-1\%)^{365} \approx 0.03$$

图1-2 人生复利模型

这个模型所使用的就是复利的计算方式。一个人每天进步1%，持续一年约可以增长为原来的37.38倍，这就是指数级的跨越式成长。所以，复利是指数增长，不是线性增长。复利看未来，不看当下。

这也是我所指的要弄清楚一个概念是什么，不是什么，知道它的使用场景，以及对行动的指导意义。比如三思而后行，是哪"三思"呢？很多人说是思进、思退、思危。这是我们现在对孔子两千多年前所说的话的重新解读。实际上，《论语》中提到："季文子三思而后行。子闻之，曰：'再，斯可矣。'"意思是，一个叫季文子的人凡事三思后行，孔子听说后说"想两次就够了，想太多，反而会有更多疑惑"。一个概念的定义可能会随着时间而变化，我们在厘清其范围的时候要注意这种变化。

回到复利，拆解一下它是什么，不是什么，可以应用在哪些场景，行动中如何应用等。复利应用最重要的是一个公式，一笔投资以复利计息，到期后本金和利息之和（本利和）= 本金（1+ 利率）的期数次方。掌握这个公式，对复利的理解和应用能力将大大提升。如果想获得更多的收益，也就是更多的本利和，只有三个影响因素：本金、利率、期数/时间。长期来看，利率越高，期数越多/时间越长，收益越高。短期来看，本金越高，收益越高。

这对我们的人生有什么启发？如果你的起点不高，本金很少，就要想办法提高利率，拉长投资时间，才能获得更多收益。从成长角度来说，要付出更多努力，更长时间，才能获得跨阶段的发展，这个过程可能需要五年，甚至十年。如果你的本金很多，短期投资也能获得较高收益。但是如果无法长期坚持，很可能后继无力。大家常说的"富不过三代"，正是这种情况，先辈努力积累，后辈却无法坚持积累，最终家业落败。还有"小时了了，大未必佳"，原本天资极佳的人站在了很高的起点上，但无法持续成长，时间长了，泯然众人矣。

生活中还有很多事情可以应用复利模型，如年金保险、打造个人品牌、运动、积累人脉、创作等。我们可以利用复利模型来指导自己的行动，在付出行动的时候，坚持长期主义，做时间的朋友。

我想邀请你今天做一个尝试：向一个人清晰地解释一个概念。这个尝试的目的，是让你更了解自己对概念的清晰程度。当你知道的概念越多，对概念理解越清晰，你会发现这个世界的底层规则极其简单。很多时候，我们只是道听途说，看到那些纷繁复杂的表面信息，并没有真正深入本源、理解概念。

2. 学模型

任何领域的知识都包括两部分，一是内容，二是结构。认知的升级，不仅要增加内容，更要升级结构。前面说了学概念，概念是知识的基本内容，概念和概念相互联系，形成结构，抽象成模型。模型，就是将看起来纷繁复杂的事物简单化、抽象化的方法，也是我们学习的三大要素之一。

查理·芒格给"模型"下过一个定义，即任何能帮助你更好理解现实世界的人造框架都是模型。李善友教授说："成年人学习的目的，应该是追求更好的思维模型，而不是更多的知识。在一个落后的思维模型里，即使增加再多的信息量，也只算是低水平的重复，而不是有效学习。"

有的人一直在学习、增加知识，却无法解决问题，原因就在于知识是一颗颗散落的珍珠，要变成漂亮的首饰，发挥更大价值，要用模型将之串联起来，应用到实践中分析解决问题。

假设大脑是一部手机，模型就是安装在手机上的一个个App（应用程序），拍照、修图就用修图软件，出行打车就选打车软件……遇到问题，就拿出相应的模型，使用理论、公式、框架等。掌握足够多的模型，就能驾轻就熟地解决工作和生活中的很多问题。

下面和大家分享几个工作生活中应用非常广泛的模型。

（1）绩效模型：业绩 = 客户数量 × 转化率 × 客单价 × 复购率。如果你从事销售相关的行业或工作，无论是做销售还是自己开店，都可以用这个模型来评估和提升业绩。业绩不太好，可以看看自己在哪个要素上出了问题。

客户数量或流量不好，那就多见客户，找流量池。转化率不高，是销售能力不好，还是没有找对目标客群？客单价不高，是定价问题，还是产品原因？复购率不高，也没有转介绍，是服务不好、体验不好，还是客户关系没有做到位呢？拆解分析出问题在哪里，就可以针对性解决。

（2）增长黑客模型 AARRR。你参加过线上的免费或低价（如9.9元）的课程吗？这样的课程都应用了增长黑客模型。AARRR 是 Acquisition、Activation、Retention、Revenue、Refer 这5个单词的首字母缩写，分别对应用户生命周期中的5个重要环节：获取、活跃、留存、收入、传播。

想想看你在参加线上课程时有没有经历这5个环节：看到一个非常有吸引力的免费或低价课程，心动后报名。课程交付了一些非常不错的内容，超出你的预期，你积极参与打卡，非常活跃，并一直留存在课程社群里。基础课程告一段落，接下来有进阶课程，学费从几十元到几万元不等，还有分享传播激励，你此时热情正高，对自己掌握课程内容后的收获非常期待，于是继续报名，转发分享。课程又开始了新一轮的获客。一个线上课程，就是这样不断循环，按获取、活跃、留存、收入、传播五个步骤一步步推广裂变。

（3）邓宁-克鲁格效应。这一模型是美国社会心理学家邓宁和克鲁格研究提出的，指的是个体在完成某项任务时，对自己能力的评价产生偏差，能力较弱者会高估自己的能力水平，能力较强者却会低估自己的能力水平。换句话说，菜鸟不知道自己是菜鸟，高手不认为自己是高手。

刚刚进入某个领域的新人很容易出现这样的自我能力评估偏差。以我所在的保险行业为例，一些小伙伴刚刚加入团队，保险知识学得很快，很多亲朋好友支持，客户也很好获取，于是变得非常自信，觉得自己很厉害。但是我们不可能只做熟人的生意，还要接触陌生的客户。因为客户都是陌生的，信任度不够，认可度不高，签单过程可能很艰难，可能遇到各种各样的问题，甚至付出很多时间和努力，最终还是没有签单。此时，他们会陷入自我怀疑的情绪中："我这么努力，这么用心，这么真诚，但是客户为什么不选我？"如果他们此时反省自身，或者找一个前辈，准确客观地评估自己的能力，摆正自己的定位，继续深入学习，提升专业能力，持续拓客，用心服务客户，就能很快走出这种自我怀疑，更进一步。

邓宁-克鲁格效应告诉我们的是，不要过分自信，也不要妄自菲薄，正确评价自己，持续学习精进。

（4）PDCA循环。PDCA循环是美国质量管理专家沃特·阿曼德·休哈特首先提出的，由另一位质量管理专家戴明采纳、宣传，获得普及，所以又称戴明环。PDCA是Plan（计划）、Do（执行）、Check（检查）和Act（修正）四个词的首字母缩写，指的是按照计划、执行、检查、修正这四个步骤进行质量管理，并且循环不止地进行下去的科学程序（图1-3）。

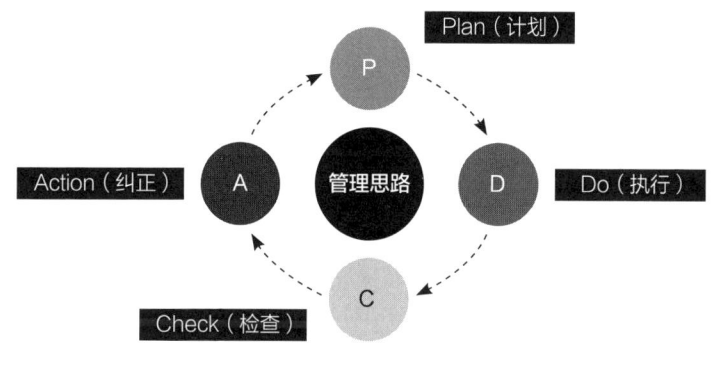

图 1-3　PDCA 循环

最好的建议是别管做得好不好，先完成一个闭环。在做事的过程中，我们常常纠结于自己做得好不好，过分关注细节，以至于做得很慢，迟迟无法推进。但实际上，应该先把事情做完，做完一次，形成一个闭环，然后再来迭代优化。只有完成一个周期，才有可能看到问题在哪，才能进行迭代，才能不断进步。

我之前的主业是销售保险，并不会做线上课程，也并不懂该怎么做，那为什么我后来能做出线上课程，并且吸引很多人呢？这是因为我不断地做，一个课程迭代几次、十几次。加上我不断学习、掌握做线上课程所需要的技能，学习社群运营，将之融入课程，帮助学员成长。一次又一次地执行 PDCA 循环，优化迭代，才将课程做成现在的样子。凡事有交代，件件有着落，事事有反馈也是一种靠谱的体现。

（5）**黄金圈法则**。黄金圈法则是由营销专家西蒙·斯涅克在《从"为什么"开始》一书中提到的一种思维方法。它非常简单，但非常实用，广泛应用于领导力、营销等多个领域。

简单来说，黄金圈法则由三个同心圆组成，最内圈是"Why"为什么，中间圈是"How"如何做，最外圈是"What"做什么（图 1-4）。做任何事情之前，首先问"为什么"，追寻事物的本质及原因；其次问"如何做"，构建事情解决的逻辑体系，找到实现的方法；最后问"做什么"，找出具体能做的事情，开始执行。

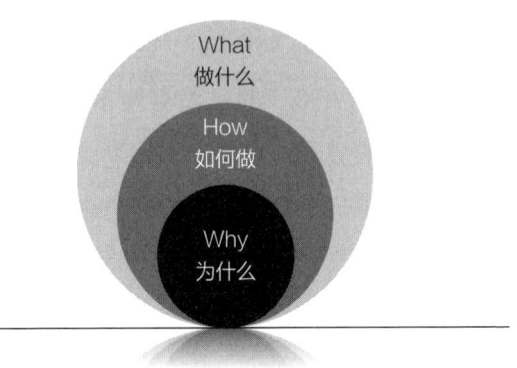

图 1-4　黄金圈法则

很多时候，我们能看到表象，知道如何去做，但只有极少数人能明白为什么要做。这也是下属和领导者思维之间的差别，下属的思考顺序往往由外而内：做什么、如何做、为什么；领导者则往往由内而外：为什么、如何做、做什么。真正有领导力的人不会只给下属下命令，告诉下属做什么，他会告诉下属为什么要这么做，让下属明白他的理念和价值观。

在与人沟通时也可以运用这一法则。刚开始从事保险行业的人或多或少都会犯一个错误：和客户说公司历史成绩多好，产品多好。事实上这只是销售时的背书，是增强信任的方式之一，而不是核心，客户更关注你能帮我解决什么问题，而不是你所在的公司有多牛。

而销售高手会告诉客户：为什么要买保险？为什么要做保险规划？这对家庭、自己和亲人有什么好处？当客户认可购买保险的目的，接下来再讨论：具体需要解决哪个部分？用什么样的保险架构实现？需要多少预算？最后才是保险产品的细节、条款的解读。所以黄金圈法则也可以应用于说服模型。

（6）<u>杨三角组织力模型</u>。这一模型是由杨国安教授提出的。他提到，一个企业的持续成功 = 战略 × 组织能力。而组织能力又是由三部分组成的：一是员工思维（愿不愿），二是员工能力（会不会），三是员工治理（许不许）。

一个高效协同的组织，要统一认识，通过企业价值观的塑造和培育，把企业目标和员工意愿统一起来；要为员工赋能，通过培训等方式提升员工能力，匹配工作需要；要进行机制建设，有权责明确的考核，有环节清晰的流程，有便捷的信息传播渠道，使企业战略落地，实现经营目标。如果有这样的思考框架，就可以对号入座。思考要提高组织能力，团队可以在哪个部分优化，从而确保有抓手。

(7) **刻意练习**。这是一个大家都非常熟悉的模型。说模型之前我们先说一部电影《中国机长》。这部电影改编自真实故事：一架飞机从重庆江北机场起飞40分钟左右，驾驶舱右前座风挡玻璃内层出现了网状裂纹，并很快碎裂。在9800米的高空，驾驶室瞬间暴露在零下40摄氏度的低温缺氧环境中，飞行控制组件面板被吹翻，许多设备出现了故障。机长刘传健完全凭借目视和驾驶经验飞行，靠毅力掌握方向杆，让飞机进入相对平稳的状态。在事故发生的34分钟后成功迫降成都双流机场，实现零伤亡。

这惊心动魄的34分钟，被称为世界民航史上的"迫降奇迹"。但奇迹的发生并非偶然。机长刘传健有25年飞行经验，是一名模拟机高级教员。他日常的自我训练非常严格，拥有专业的驾驶技术和强大的心理素质。而且他能够做到一口气憋4分钟，在缺氧的情况下，他用这宝贵的4分钟让飞机下降。

在我们眼中非常难的事情，对高手和专业人士来说，可能是他们的日常和直觉。他们所采取的方法就是刻意练习，把理性变成直觉，变成习惯。运动员的训练就是把一个个动作进行拆解，重复练习。

日常生活中常用技能也需要刻意练习。你会开车吗？还记得新手上路时的情景吗？刚拿到驾照，第一次上路，一会看后视镜，一会看红绿灯，从眼睛到手脚，无处不慌忙。开车上路很多次之后，动作就会变得很从容。通过刻意练习，把不熟悉变成熟悉，把刻意变成直觉，是掌握所有技能的最佳方法，也是把模型内置到大脑的方法。

纪录片《徒手攀岩》中，记录了艾利克斯·汉诺成功徒手攀登酋长岩"搭便车之路"的全过程。徒手攀岩是一个极其危险的项目，没有任何安全措施，仅靠双手攀登高峰，一旦失败那就是粉身碎骨。而酋长岩是一块900多米高的花岗岩，峭壁光滑，垂直地面。过去成功攀岩酋长岩的挑战者在有防护的情况下需要花10多天才能登顶，而艾利克斯在4小时内徒手攀登，可以说是一次以生命为代价的挑战。更令我震撼的是他做准备的过程，在正式攀登挑战之前，艾利克斯一次次带着保险绳和装备，实地验证攀登线路，尝试不同的攀登方式。下山之后，他还会把每一次结果记录下来，写下每一步的要点，总结过程中的技术要点，最终找到他认为最可靠的攀爬方式。正是这样一次次的刻意练习，扩大了他的舒适区，最终让他成功登顶。

我们的成长，需要培养好习惯，需要克服自身的弱点，需要不断尝试，不断刻意练习。学习的过程也是刻意练习的过程。诺贝尔经济学奖获得者丹尼尔·卡尼曼在《思考，快与慢》一书中提出：人有两套不同的思考系统，系统一是直觉系统，依靠直觉，不消耗脑力，运行得非常快；系统二是理性系统，依赖人的理性，需要可以思考，运行得比较慢。非理性才是我们大多数人的行动依据。所以我们在学习技能的过程中，要不断练习，从系统二的状态切换到系统一的状态，从"小白"变成高手，从普通变得卓越。几乎所有领域的知识和技能，都有相对成熟的学习方法，按照方法刻意练习。如果可以像运动员一样，找一个专家教练，提供及时反馈，进步会更快。

此外，掌握模型最重要的是应用。但掌握了模型，并不等于变厉害了。有时候，学会一个模型，我们喜欢把所有事情往上面生搬硬套，就好像手上拿了一把锤子，看什么都像钉子，都想锤两下。实际上，每个模型都有适用场景，有其边界。我们应该掌握多元的思维模型。

菲茨杰拉德有一句名言："检验一流智力的标准，就是看你能不能在头脑中同时存在两种截然相反的想法，还维持正常行事的能力。"查理·芒格说："一个人只要掌握 80 到 90 个思维模型，就能够解决 90% 的问题。而这些模型里面非常重要的只有几个。"所以，我们要掌握更多的模型，面对问题的时候能够随时找到合适的模型，快速高效地运用它。那些真正有智慧的人，能够用一句话启发影响他人，原因就在于他的经历足够多，知识足够多，掌握的模型足够多，了解世界的方方面面，知晓万事万物运行的底层规律。

2023 年的伯克希尔哈撒韦的股东大会上，巴菲特和芒格两个年过 90 岁的老人，面对股东和记者几个小时的提问，还能对答如流，这就是不断学习，不断刻意训练的结果。

电影《教父》有一句话特别经典，说："花半秒就能看透事物本质的人，和花一辈子都看不清事物本质的人，注定有截然不同的命运。"如果你也想看透本质，那么一定要求甚解、搞清楚概念，学习更多的思维模型。

1.3 如何学习？

我所使用的也是一个模型：输入-输出-实践。这个模型也常常被我称为"学过-教过-用过"。学到一个知识或技能，是不是真正学懂、学透，能不能教给他人，有没有应用在实践中，这三点决定了它是否真的属于你。"穿过"身体的知识和技能才是属于自己的（图 1-5）。

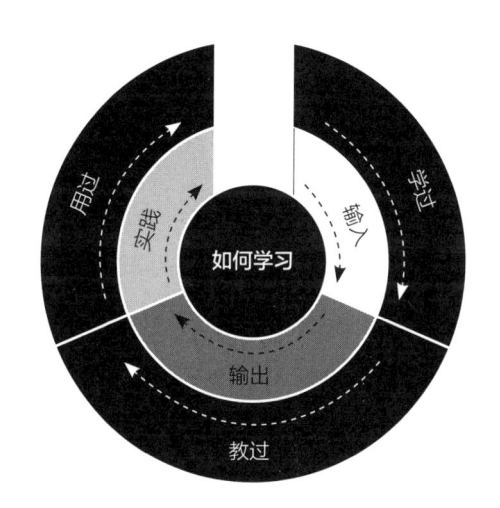

图 1-5 高效学习模型

1. 输入

输入可以依靠三个常见渠道：找老师、找知识付费平台、自学。

（1）找老师，找有成果的老师学习。这样的老师在专业领域内已经取得了成果，他踩过坑，克服过挑战，解决过难题。他能成为你的"捷径"。你要拼命研究、刻苦学习才能解决的难题，在他那里只是基本操作，他可以告诉你如何避坑，如何快速取得结果。所以，我会在可承受的范围内选择最好的老师。最近几年我自己的快速成长，很大程度上得益于给好老师付费。

付费咨询或学习，和高手一起完成项目，对自己是极大的锻炼。更重要的是能够在物理上接近一个高手，近距离地看高手如何做事，观察他，模仿他，让自己掌握他的心法，快速成长。

举一个非常典型的例子。2006年，时任步步高公司董事长的段永平，以62.01万美元拍到巴菲特午餐，成了第一个吃到巴菲特午餐的中国人。他曾经说，参与拍卖是为了投资偶像，表达敬意，"我和他在一起吃个饭，可以对他的投资理念更关注，以后可以少犯些错误"。对了，赴约的时候，段永平还带上了自己的一位当时还在谷歌公司工作的朋友，这个年轻人后来（2015年）创立了拼多多公司，他就是：黄峥。

巴菲特也曾表示，对他影响最大的是三个人：第一个人是他的爸爸——霍华德·巴菲特，在巴菲特10岁的时候，他带巴菲特见了当时高盛的传奇 CEO 温伯格，这对巴菲特影响巨大。第二个人是恩师本杰明·格雷厄姆，巴菲特在他的身边接受了成为一流投资人的系统性训练，还学到了非常重要的投资理念，"烟蒂"投资和资产配置。第三个人是搭档查理·芒格，两人可以说是历史上最成功的投资搭档，他帮助巴菲特完善了引以为傲的"烟蒂"理论，并认识到以合理的价格买一个好公司要远远胜过以一个好价格买一个合理的公司，巴菲特的投资生涯因此进入成熟期。向师长、榜样、厉害的人学习，观察加模仿，向他们靠近，是最快的成长方式之一。

你所在的行业，你的公司，你的圈子，你的身边，有没有榜样？有没有老师？如果有，你是如何向他们学习的？如果没有，去找出这样的人。相信我，你身边一定有这样的人。实在找不到，还可以找那些历史上的著名人物，看他们的传记，看他们生活中是怎样的人，如何成长，如何积累。尽一切可能靠近榜样，向他们学习。

（2）**找知识付费平台，性价比高**。输入的第二个渠道是找知识付费平台。从 2016 年起，众多知识付费平台涌现，把内容生产者与知识需求者链接起来。很多知识付费平台，如得到、混沌学园等，提供许多课程和服务，来自不同行业、不同领域内的不同老师在这里聚集，这些平台知识密度高，内容更新速度快，性价比高。我们可以根据自己的需求选择。这个时代，可能是人类历史上最幸福的时代，因为我们处于信息爆炸的时代，知识的获取成本很低，只要你愿意，只要你肯学，你就能学到几乎所有知识。

我本人就是知识付费的受益者。2015年我刚进入保险行业的时候,因为要跟各个行业的客户交流互动,我发现自己的知识面太狭窄了,于是开始积极找适合自己的学习平台。最开始是听樊登读书,它开阔了我的视野。后来,我陆续使用了得到、喜马拉雅、混沌学园等。

当然,这几年知识付费平台越来越多,身边很多朋友甚至出现买了太多的课,没有时间去听的情况,反而让自己很焦虑。每个人的时间都十分有限,不要觉得课程内容好就"囤课",而是要带着问题找好内容。把这些知识平台当成你的资源库,随时检索适合自己的内容,这样最高效。

(3)**自学,是终身学习者的终极能力**。找老师,找知识付费平台,都是借助外部的力量来学习。终身学习者需要的终极能力是自学能力。学习的关键并不在于学什么,而是培养自学的能力。拥有自学能力,绝对是人生的"外挂"。

但一个人自学很难。这个难不是难在学习方法和学习工具的选取上,而是难在学习反馈和长期坚持上。自学不是应试学习,有考试及时给予反馈,马上调整优化学习方法,自学需要我们自我检查、自我评估。自学并不是今天学了,明天就有进步,后天就能拿到结果,它是一个枯燥且漫长的过程,要有长期坚持的决心和毅力。因此,自学对人的自主性和能力的要求更高。

我第一次做个人品牌课时,为了研究什么是品牌,怎么做个人品牌，我买下了市面上几乎所有关于打造品牌的书。读完这些书，对品牌打造有了系统性的了解后，我才开始做课程。这是一个让人很焦虑又很酣畅的过程，一方面，有很多知识要学习，我仿佛海绵般不断吸收知识，另一方面，这个领域的知识早就有人做得非常好、写得非常好，以前没发现，发现后处处是惊喜。

书是自学的重要渠道，几乎所有领域的知识都一定有人写成书。我们之所以不知道，是因为没有用心去找。当你带着自学某个领域的目的，寻找这个领域的书时，一定能找到你所想要的书。相信我，前人写下的书是一个巨大的宝藏，等待着你去探险。

自学所需要的最重要的习惯是阅读。在我看来，阅读是一种投资行为，是获取信息、提取知识，最后把知识运用到日常的行为，它能帮我们找到解决人生大大小小问题的答案。查理·芒格说："我这辈子见过的所有聪明人，没有一个是不读书的，从来没有。"我们要做难而正确的事情，读书就是这么一件难而正确的事情。

互联网时代，自学还需要培养一项重要能力：搜索。我们所遇到的问题，其中80%早就被人回答过，只要会搜索，就能找到答案。剩下的20%才需要自己思考、研究如何解决。把大脑留给真正重要的20%需要思考的问题，剩下的交给搜索。同样的问题用一天找到答案和用一分钟找到答案，差距非常大。锻炼自己的搜索能力，用更快的速度找到答案，剩下的时间可以做更多的事情。

自学需要善用工具。正所谓"君子性非异也，善假于物也"，同一件工具，可以做好事也可以做坏事，可以消遣，也可以成长。自学的工具不只是图书或学习网站，一些社交媒体如 B 站、抖音、小红书等，也有很多好的知识博主分享专业领域的知识。

学习输入，总结一下就是两个词：时间和金钱。不花时间、不花金钱，一定不会有成果。金钱和时间的投入，代表着你对它的重视程度，金钱的投入会建立一种仪式感，而时间的投入会在长期维度上带来成长复利。只要每年至少拿出收入的 10% 和时间的 10% 投入学习中，就有机会获得快速成长。

2. 输出

一切没有目标、没有输出的学习都是"无用功"。

小时候学习，输出的是写作业、考试，长大后没有作业、没有考试，学习就是听听课，写写笔记，然后就没有然后了，自然也谈不上真正学到知识。

输入之后一定要输出。我总结了三种输出方式：记笔记、以教为学、形成操作清单。

（1）记笔记。记笔记是一种输出，但是只在课堂上记录却不做整理，很快就会忘记。因此，记笔记要记两次，第一次是课堂上的快速记录，第二次是课后的梳理，按照自己的逻辑把课堂上学过的内容整理出来，并且两次相隔时间不能太久。这么做的目的是把学习到的新知识纳入我们自身原有的知识体系中。

笔记是最基础的输出方式。记笔记的时候,结合概念和模型,从一个小的切口进入,然后不断深挖:概念是什么?模型是怎样的?应用场景有哪些?如何落地应用?如何开始第一步行动?记录之后,建立检索关键词词库,以便需要的时候可以快速找到,还可以时不时回看一下,看看是否有新的灵感、新的收获。复习非常重要,因为人非常容易遗忘,真正重要的知识需要不断复习,不断总结,最终形成长期记忆。

笔记还有一个很重要的作用是反思。我现在每天都会写日记,记录自己一天做成什么事,有什么收获,有什么心得,哪里需要改进……有人问过我,这要花费很多时间吧?的确要花一些时间来写日记,但我觉得和成长相比,这些时间的花费非常值得。而且我也有非常高效的记录方法,运用语音识别这一工具,把思考快速转化为文字。这样记录,就像在写自己的人生回忆录。

(2)**以教为学**。以教为学,也就是把自己所学的知识,讲给别人听。这是检验自己是否学会最简单的方法。被很多高手推崇的费曼学习法的核心就是以教为学。

费曼学习法来自著名物理学家理查德·费曼,据说他13岁就掌握了微积分;高中毕业之后进入麻省理工学院;24岁和爱因斯坦一起加入"曼哈顿计划"天才小组,研发原子弹;33岁在加州理工学院任教,他的幽默诙谐、不拘一格的讲课风格深受学生喜爱；47岁获得诺贝尔物理学奖。费曼曾说：要是不能把一个科学概念讲得让一个大学新生也能听懂，那就说明我自己对这个概念是一知半解的（图1-6）。

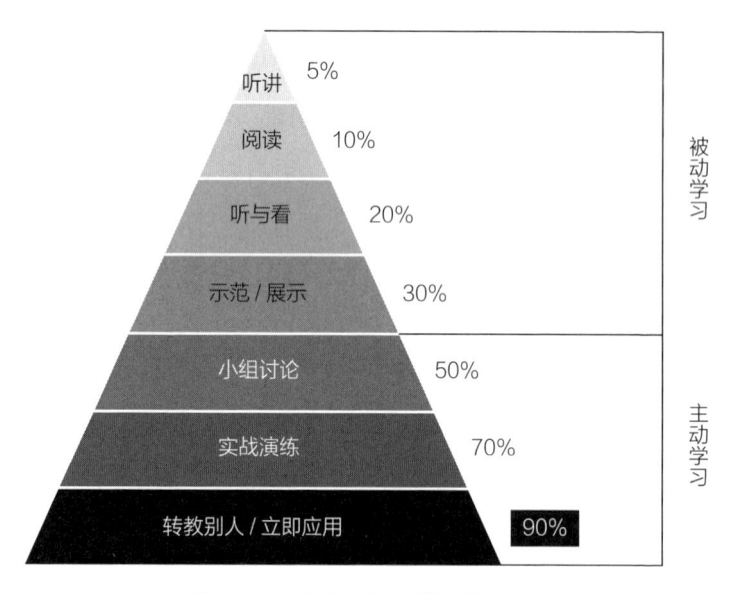

```
听讲          5%
阅读         10%      被动学习
听与看       20%
示范/展示    30%
小组讨论     50%
实战演练     70%      主动学习
转教别人/立即应用  90%
```

图1-6　主动和被动学习效率图

我们也可以运用这一方法，在学习一个知识点之后，马上思考如何向他人讲解，然后找一个人讲给他听，这个人最好从未接触过该知识点。如果他能通过你的讲解，了解这个知识点，说明你已经基本掌握。如果他没有听懂，提出的问题你无法回答，也可以让你思考如何讲得更清晰，还有哪些要完善，不断循环，最终真正掌握这个知识点。

（3）形成操作清单。学习一个领域的知识或做一件事，在这个过程中列操作清单，记录总结所有操作的关键要点。比如拍视频，从想法到脚本、拍摄、剪辑、发布等一系列操作，有很多流程和操作要点。我在拍视频的过程中，先是按照他人的经验，写下了一个操作清单，作为拍摄指导。开始拍摄之后，拍一条，我就根据自己的经验和感受，优化迭代这个操作清单，逐渐形成属于我自己的视频拍摄操作清单。学习、尝试、总结、迭代，不断优化自己的技能，最终真正掌握这一技能。

我还会列出自己的原则清单，比如理财原则清单。

①不借钱投资。
②不要盲目听信小道消息。
③不借钱给别人，否则做好拿不回本金的准备。
④消费前，时刻提醒是想要还是需要。
⑤努力工作，不断提升赚钱能力。
⑥打理理财账户就像带孩子，要有耐心等他长大。
⑦注意现金流，要有弹性，否则会影响决策。
⑧坚持指数基金定投。
⑨在实践中提升认知，因为我们永远赚不到认知之外的钱。
⑩投资初期本金最重要，增加收入最重要，不要太相信复利投资神话。

再如，我在2020年开始做短视频的时候就经常出现各种问题，在录制过大概100条视频以后，我总结出了一套适合自己的清单。

1. 检查字幕，不能有错别字。
2. 配乐了吗？音量合适吗？是否声画同步？
3. 找一个人看视频，之后要倾听其反馈。
4. 是否提示观众给自己点赞、关注？
5. 视频发布文案是否有话题度？
6. 视频结尾是否有提醒观众互动？
7. 发布后，转发到朋友圈及核心群。
8. 精彩留言在12小时内要回复互动。
9. 主动添加活跃粉丝的微信。

这是在生活中经历某些事情之后，有了收获和启发，从而整理出一套行动原则。今后的行动，就可以以这个原则清单为参照，遇到相同的事情，不用重复思考或选择，按原则直接做决定就行。你也可以梳理自己的经验，将之设定为生活中的原则，按原则行事。

学习最好的结果是产出知识产品。比如得到App上的课程，就是老师在持续学习并输出之后，将其打磨成产品。再如《得到品控手册》，总结了一个企业的行事原则，如何塑造企业文化，如何打造产品，如何做好内容等。这件事非常有价值，也能给很多人提供帮助。

你也可以做这件事，将自己所在行业、所在岗位的流程进行梳理，一方面可以让自己在领域内研究足够深入，成为领域内的专家，另一方面可以将知识产品化，给自己带来职场发展机会，甚至创业机会。

3. 实践

把知识产品化，实际上也是一种实践。有效学习，实践是不可或缺的。

不知道你身边有没有这样的人：每次上课都坐在第一排，记笔记、录音、拍照，无比认真，下课后却从不行动，不延伸阅读，不应用知识解决问题，看起来很认真努力，却没有任何成长进步。这是一种"伪学习"，用战术上的勤奋掩盖战略上的懒惰。

比如，看到 ChatGPT 的各种热点新闻，也听了很多讲座，但是都没有真正去体验过；想学 Photoshop，报了很多课，买了很多书，结果电脑上的软件没打开几次，海报没做出几张，过了不久，决定还是算了；想看一本书，翻开第一页逐字逐句开始读，用了不少时间，最后说不清书中说了什么，自己学到了什么。不讲究学习的战略，结果要么半途而废，要么事倍功半。

我们的学习要以任务目标驱动，想学一个领域的知识，首先要想明白要不要做，要做多久，要取得什么成果。接下来要制订计划，罗马不是一天建成的，想要达成目标，就要制订合理的计划，把任务进行拆分，设定小目标和时间节点，思考可能遇到的问题以及解决方案。最终才开始行动。不要轻易开始，一旦开始，就要做到有始有终。

开通视频号之前，我从来没做过短视频，所以我给自己定了目标：不论成败，先做300条视频再说。一开始做一条视频需要三四个小时，渐渐不断迭代、优化，很多视频只用20分钟就可以制作完成。

要主动给自己找任务，安排任务，自主驱动，有标准、有时间、有挑战。

陆游的诗中写道："古人学问无遗力，少壮工夫老始成，纸上得来终觉浅，绝知此事要躬行。"王阳明曾说："知到极处便是行，行到极处便是知。"顶尖高手，通过长期的输入、输出、实践，才能做到知行合一。

本课复盘及思考

复盘

这一课讲了三个问题：何为学习？学习什么？如何学习？

何为学习？学是获取知识，习是反复尝试，学是知道，习是做到，真正的学习是知行合一。

学习什么？一学概念，二学模型，三学系统。

如何学习？输入-输出-实践，打通高效学习的循环，不断进步。

学习是一辈子的事，学习能力是与其他人拉开差距最重要的因素。你最核心的竞争力就是学习能力。如果你希望自己的公司保持竞争力,最好的办法就是坚持不懈地学习这个时代最有影响力、最具备势能的领域的知识和技能,并跟你的公司嫁接,跟你自己的知识系统融合,最终脱颖而出。

思考

1. 这本书的主题是个人商业模式。说一说你对商业模式这一概念的理解。请使用这一课所讲的方法对其进行拆解:商业模式是什么?不是什么?应用场景有哪些?它可以解释什么现象?对个人有什么参考价值?如何运用它?

2. 你现在想学习的知识或技能有哪些?选出其中最想学习的一个,并为自己制订一个学习计划。

第2课 行动：成为极致践行者

你会不会在年初的时候定下一年的目标呢？定下目标后，都如期完成了吗？很多人的目标，年年立年年倒。然而，目标真的这么难完成吗？

把事情做成，达成目标，既要知道，还要做到，也就是知行合一。第一课中我们已经讲了"知"，第二课来讲"行"，如何成为一个极致践行者。

行动，最理想的状态就是想到就做。但很少人能做得到这一点，通常会出现五种情况：

- 第一种是"空想家"，想法很多，行动很少，往往心动却不行动，给自己画饼充饥。
- 第二种是"完美主义者"，事事求完美，必须想到最完善，准备最周全，才开始落地。
- 第三种是"拖延者"，总有各种理由拖着不做，不到最后一刻绝不行动。
- 第四种是"三分钟先生"，做事三分钟热情，三分钟后转身就忘。
- 第五种是"救火队员"，每天都有很多事情，非常忙，一直处理非常紧急的事情，却忘了那些重要的事情。

你身上，有没有出现过这五种情况呢？我想或多或少都有的，我们不是机器，总会有那么一些时候想要休息一下，不想开始行动。

行动力强，不代表时时刻刻行动，而是在你想行动的时候，马上可以开始。接下来，我们就讨论如何排除行动上的卡点，成为极致践行者。这套方法叫点线面体行动模型（图 2-1），是我自己在过去几年的行动中摸索总结出来的，很多人实践过之后也表示非常有效。你也可以对号入座，找到自己需要重点突破的部分，行动起来。

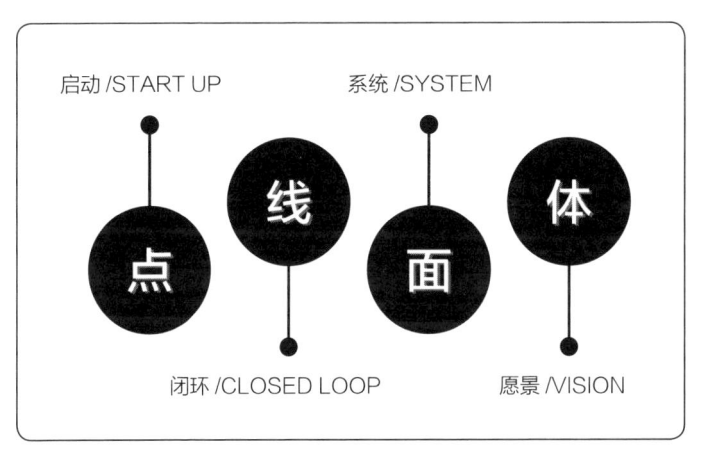

图 2-1 点线面体行动模型

2.1 点：扣动行动的扳机

先来说点。不知道大家有没有发现，我们的行动是串联起来的。比如早起后洗脸刷牙，行动步骤大体是：走到洗手台，挤牙膏，拿起漱口杯接水，刷牙，放好牙刷漱口杯，洗脸，清理洗手台……这一系列行动，每个人的习惯可能略有不同，但起始动作都是走到洗手台前站定，如果没有这个动作，就不会有后续的洗漱动作。

要开启行动，先找到起始的行动，也就是"点"，它是一个启动键，开始第一个行动，接着引发一系列行动。如果这一系列行动是你想要的，那就将它固化下来，形成习惯，建立一系列行动，不断循环。很多时候，最难的不是事情本身，而是开始行动。看看哪些事情是你一直想做却没做的，有没有一个行动，可以马上去做，把事情向前推进一点点呢？

1. 福格行为模型

如何找到"点"并开始行动呢？福格行为模型，可以帮助我们快速按下启动键。

福格行为模型来自斯坦福大学行为设计实验室的创始人福格，模型内容很简单：B=MAP，即行为 = 动机 × 能力 × 提示，具体指行为的发生，需要动机、能力和提示三大要素共同作用（图2-2）。

图 2-2 福格行为模型

- B（Behavior），代表行为，指产生某个特定行为。
- M（Motivation），代表动机，指做出行为的欲望，是行为产生的起点，因为动机越强，行为就越有可能做到。
- A（Ability），代表能力，指去做某个行为的可执行性，它是行为产生的许可，因为能力越强或者行为越简单，就越有可能成为习惯。
- P（Prompt），代表提示，指提醒你做出行为的信号，没有提示，任何行为都不会发生。

举个例子，现在你正在看书，突然手机响起提示音，你看了一眼，发现是朋友发来信息，于是你打开手机看消息，这时候短视频 App 发来一个提醒，你顺手点击跳转到短视频 App 开始刷视频。

- 行为是打开手机看信息、看短视频。
- 动机是好奇心，好奇朋友发来的信息，好奇短视频推送的内容是什么。

- 能力是操作手机的能力，这非常简单，指纹解锁，点击跳转。
- 提示是手机提示音和 App 推送提醒。

理解行为的影响因素，可以分析并训练自己的行为和习惯。这里有几个原则：

- 动机越强，行为越可能发生。
- 行为越容易，越可能成为习惯。
- 没有提示，任何行为都不会发生。

所以当你想做一件事时，马上就做。每做一次，就能加强动机。而能力可以在行动的过程中增强，一开始只有 60 分也没关系，将来可以持续做到 100 分。再伟大的成果都是从微小的行为开始的。行到极处便是知，要在行动过程中武装自己。

2. 拿来就用的自律行动方法

我还为你准备几个行动原则，可以拿来就用。

（1）5 分钟原则。5 分钟能做完的事情，马上做。超过 5 分钟才能做完的事情，先做 5 分钟。

要做一件事，而这件事在 5 分钟内就能做完，我建议你马上做。很多事情看似不重要不紧急，但一直不做拖久了，后期可能产生一些风险。

比如给父母打电话，想到了这件事就可以拿起手机马上打；写日计划，马上拿出本子，安排一天的工作；脑海中有新的想法，马上记录下来。

如果一件事耗时超过 5 分钟，先开始做 5 分钟。这是给自己按下启动键，告诉自己这件事已经开始了，而且做了 5 分钟，大脑会自动思考接下来应该做什么，如何做。

比如老板安排了一个任务，在两天内写一个方案，要做一个 PPT。尽管时间足够，但我建议可以先打开 PPT 软件，新建一个 PPT，把主题写上去，列一个简单的提纲，先把模板放进来。完成第一步，大脑就不会再畏惧开始行动，而是主动思考这个 PPT 接下来具体要安排些什么内容，每一页怎么写。

（2）一定要设置最后期限（Deadline）。Deadline 是第一生产力。一个没有截止日期的任务，可能永远不会开始。想想小时候，寒暑假最后三天，疯狂赶作业的人中有没有你？寒暑假玩得多开心，最后三天赶作业就有多痛苦。最后赶在老师收作业之前写完，踩着 Deadline 提交（图 2-3）。

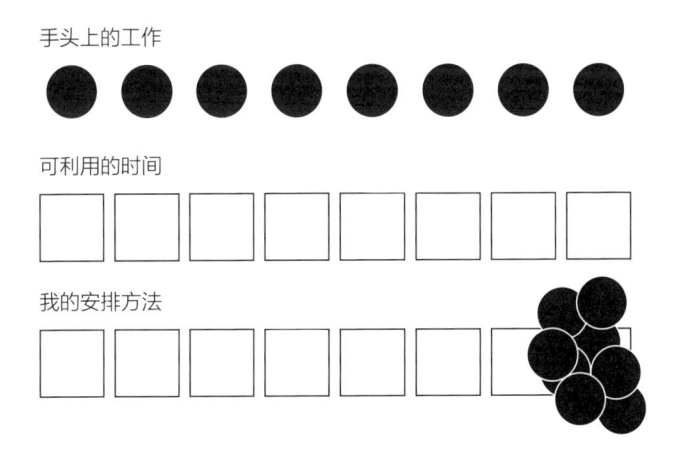

图 2-3　拖延总会存在

很多人都是好逸恶劳的。没有截止时间的任务，天然会被忽视、拖延。有截止时间的任务，大脑会认为它是重要的，从而引起重视，推动行动。很多目标无法完成，不是因为能力不足，而是没有重视，没有花时间花精力。

任务要设置截止时间，这是一个底线，给自己的硬性要求。有了截止时间，可以对任务目标进行倒推，执行计划，按部就班地推进，直到按期交付成果。如果一件事跨越的时间周期很长，不只要设计最终的截止时间，同时要把大目标拆解成小目标，设置阶段性目标达成时间点，避免把任务拖到最后时刻。

比如做公众号，目标是一年发布50篇推送，大约一周1篇。阶段性目标就是一周1篇，或一个月4~5篇。那么每个周末、月末都要检查阶段性目标是否完成。按部就班完成，相对比较轻松。

截止日期的压力，能让人聚焦在目标上，积极地推进任务直到完成。没有这种压力，人们很可能会不断拖延。

（3）"绑架"自己。"绑架"自己，简单来说就是遇上一件事必须做，却又觉得很难，找理由拖延，不如主动对自己下狠手，把自己逼到一个不得不做的境地，完成必须做的事情。正所谓：低调做人，高调做事。高调做事，就是要被更多人看见。有目标，怕完不成，先把自己"架"起来，让自己不得不完成。你可能会问："把自己架火上烤，万一完不成怎么办？"要的就是这个效果，怕完不成没面子，就努力去完成。

具体来说有两种方法，一种是把包扔过墙，另一种是寻找外部监督。

- 把包扔过墙，指的是当你想跃过一堵墙，但墙很高，怎么办？方法很简单，把背包扔过去，你一定会想办法翻过去。这个方法的目的是造成确定的事实结果，原本是人和包一起过去，现在先把包扔过去了，人也必须过去。

- 寻找外部监督，这个方法很多人可能都使用过，在社群打卡，在朋友圈立下目标都是应用这一方法。承诺是勇气，兑现是人品。即使未来真的没有完成，只要全力以赴去做，大家都会为你鼓掌。

我第一次做"振源私房课"时就采用了这两种方法。当时我还没有准备课件，就已经把课程海报发出去了，相当于我已经承诺课程的交付。很快有人付费报名参加，我又有了外部监督。督促自己必须在开课之前完成课件，做好所有备课工作。

后来，我做三元成长俱乐部的线下活动，我承诺每个月做两场活动，包括一场主题分享，一场企业参访。活动办了几场，反馈非常好。后来就经常有同学来问我：这个月的活动是哪天？上次说的活动什么时候开始报名呀？有时候稍有松懈，一看到同学们的咨询，我又"支棱起来"了。

当然，我也有反面案例：我的 2021 年度目标之一是出一本书，我还在直播中做出承诺。结果直到 2023 年才开始写。这两年间，我经常收到朋友们发来的信息："振源，书写到哪里了？""书出版了吗？我准备好下单了。"我只能尴尬地说："还在努力中，出版了一定会发通知。"可以这样讲，你此刻在读的这本书就是被监督的结果。

（4）用金钱确认重视程度。相比得到，人们更害怕失去，也就是我们常说的损失厌恶。如果完不成一件事，有明确的即时损失，尽管即时损失金额不大，但你内心也会非常不情愿。因此，运用损失厌恶，设置金钱惩罚，更有利于自律。

为了完成公众号的周更目标，我组织了一个小范围的社群，设置明确的惩罚机制：如果不能按时更新，罚款100元，作为下次活动经费。结果我们小组的成员可以实现90%以上完成率，很多朋友说：我这几周写的比我过去两年都多。

花钱还会带来仪式感，提升重视程度。免费的东西，往往得不到重视。付费则是一种意愿的确认，在某种程度上，花越多钱越重视。学习是对自己最好的投资，花高价学习会敦促你让这笔投资获得更高回报。

从小时候起，我就觉得自己没有什么运动细胞，甚至我都没有参加过任何运动会的比赛项目。但是随着年龄的增长，我意识到必须坚持进行一项运动。2021年我付费请了一位跑步教练，学习跑步，培养运动习惯。开始很痛苦，跑5千米都费劲。但想到自己花了钱，又提起劲继续跑。经过3个月的训练，我完成了半程马拉松。

2.2 线：完成最小闭环

我们按下启动键，开始行动，但有的时候发现自己做着做着就没下文了。这种情况最重要的原因在于没有得到反馈。持续重复一模一样的行动，没有得到反馈，不知道自己做得好不好，哪里需要改进，做事的动力会逐渐减弱直到消失，或者注意力被其他更新奇的事情吸引，转而做其他的事情。这时候，要运用前面提到的 PDCA 循环，建立行动闭环，这就是线。

前面已经说到 PDCA 循环是指按照"计划-执行-检查-修正"四个步骤，完成一件事的一次闭环，总结经验后，开启新一轮的 PDCA 循环。

在我看来，PDCA 循环，也是一个靠谱的闭环模型。20 世纪 50 年代，质量管理大师戴明博士将 PDCA 循环带到日本。丰田公司采用 PDCA 循环进行汽车质量管理优化，并持续改善方法，开启了制胜全球"丰田模式"，并跻身汽车巨头。到现在，丰田公司依然是全球精益生产的标杆企业之一。对个人来说，运用 PDCA 循环这个靠谱的闭环模型，做到凡事有交代，件件有着落，事事有反馈，在个人发展上也将拥有很大的优势。

在脸书（Facebook）[元宇宙（Meta）的前身]办公室，创始人马克·扎克伯格从创业初期就贴了一条标语：Done is better than perfect（比完美更重要的是完成）。这是在强调不要过分追求完美，先完成目标，在行动中持续迭代。

完美主义陷阱是很多人都踩过的"坑"。我们都希望把事情做好，达成自己设定的目标，但只有极少数事情能一次做好，绝大部分事情都要经历一次次行动，一次次优化迭代，才能达到比较好的状态。在某种程度上，完美是不存在的。所以完成比完美更重要，先完成再追求完美。

比如做短视频，如果一开始就期待自己能比得上那些爆款短视频，迅速吸引全网眼球，找齐文案、编辑、运营、摄像、导演，用最好的设备、最好的场景、最好的演员……且不说爆款有很大的运气成分，光是成本的投入就是非常大的，其持续性也很难保证。去看那些优秀的短视频博主，最初都是一个人活成一支队伍，身兼数职，从最简单的拍摄开始，拍一条视频总结一次经验，逐渐找到自己独特的风格，优化拍摄内容和技巧，在机会到来的时候迅速抓住，流量和粉丝增加到一定程度，才开始招募团队，投入更多成本。

PDCA 循环最重要的机制就是形成闭环，获得反馈，支持下一次行动。坚持运用 PDCA 循环迭代优化，能够获得复利效应。因为每一次闭环的收获和增长，会加入下一次循环，一次又一次地向前推进，形成增长飞轮。所以闭环这条线，不只是为了当下，更是面向未来。如果完成一次或几次闭环就结束了，只会收获单利，最终的收益和复利相比有天壤之别。

我所在的保险行业，完成几个闭环就放弃的案例可以说数不胜数。拓客、陌拜、设计方案、签单、服务、复购和转介绍等流程说起来并不复杂，但必须一个个做扎实：拜访足够多的客户，设计更好的方案，有技巧地促单，做好客户服务……没有人能说自己一开始就做得非常好，只有在一次次的实践过程中，才能签下更多保单。

做视频号，很多人都是自己默默地做，自己拍自己发，不久之后默默地断更。我当时定下日更视频号的目标，了解拍视频的流程和基本方法之后，就建立了一个小社群。群里都是做视频号的小伙伴，以日更视频号为目标，大家相互支持、相互监督，谁做不到就自动退群。经过1个月的日更，我就渐渐适应节奏了，效率也越来越高。

2.3 面：习惯积累人生的存量

按下启动键，开始行动（点），完成一次闭环（线），接下来要建立面，也就是建立长期行动系统。系统是若干元素相互联系、相互作用，形成的具有某些功能的整体。从整体来说，元素组成系统，意味着用更少的损耗，更轻松地把事情持续运行下去。真正的高手能把复杂的流程标准化持续迭代，把理性变成直觉，变成习惯，构建成长期行动系统。

巴菲特说："人生就像滚雪球，重要的是发现很湿的雪和很长的坡。"

这句话里有一个隐含条件：起始位置的雪球不能太大。我出生在东北，小时候我经常滚雪球，每次都很贪心，起手就想放大招，滚个大雪球。让我很郁闷的是，这么做雪球常常会直接散掉。后来慢慢发现诀窍，如果想要雪球滚得足够大，首先要捏一个"核心",大概网球大小,把这个核心捏紧,然后找一个大而平整的地方,在干净的雪上滚动,把每个面都滚到,雪球才会越滚越大。我们日常的行动也是如此,不要一上来就放大招,要从小习惯、小闭环、小系统开始(图2-4)。

坡长 雪湿

*隐含条件:雪球不能太大

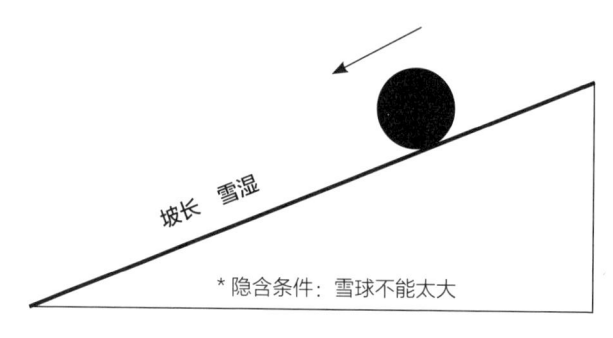

图 2-4 雪球要从小滚起来

高手的战略在于长期的持续性和稳定性。人生也好,创业也好,持续且稳定,是非常重要的特质。如果你是领导,你愿意把重要的项目交给谁呢?是有时 100 分、有时 30 分的人,还是保持在 70~80 分的人呢?我们通常会交给能够稳定发挥的人,因为他的表现是具有确定性的,尽管可能达不到 100 分,但稳定发挥保证了能完成这件工作的底线。

在美国职业篮球运动员中,薪资最高者的年薪约是薪资最低者的 30 倍。为什么差别这么大?同在一个队,同在一个赛场,球员的能力差别能有 30 倍吗?肯定没有这么大的差距,很多替补球员某一场也能打出很不错的成绩,拿个 30 分,但他们下一场发挥不好很可能只有 3 分。顶尖球员和普通球员的主要区别体现在持续性和稳定性方面。

培养更多好习惯,掌握核心技能,保持持续性和稳定性,是任何人在任何领域都可以运用的策略。因为习惯意味着只需要极小的体力和精神消耗,就可以顺理成章地完成任务。而养成习惯的过程像飞机起飞需要耗费大量能量,但是一旦穿越对流层,进入平流层后,一般都可以将飞机转入平稳的状态,无须太多能耗。

培养习惯,建立持续稳定的系统,是一个长期重复的过程。这个过程被很多高手重复验证过。

围棋中有三个术语:本手、妙手、俗手。本手是指合乎棋理的正规下法;妙手是指出人意料的精妙下法;俗手是指貌似合理,而从全局看通常会受损的下法。很多下棋的人热衷于追求妙手,用精妙的一手,赢得胜利。但曾获得18个世界大赛冠军,实现世界围棋大赛"大满贯"的棋手李昌镐却说:"我从不追求妙手,也没想过要一举击溃对手。"真正的围棋高手一定懂"善弈者通盘无妙手",因为追求所谓的"妙手",忽略"本手",往往得不偿失。

李昌镐说他只追求51%的胜率。换句话说,他的策略是只要自己犯的错误比对手小,就能获得胜利。如果给每步棋打分,追求妙手的人目标是100分,偶尔可以得到100分,但平均分是60分,李昌镐追求的是51%的胜率,一手棋最高分是90分,但平均分可以达到70分,这就是高手的取胜之道。

本手、妙手、俗手这三个围棋术语,也是某一年的高考语文作文题。当时网上有人总结:"人生路上,多行本手,不惧俗手,方得妙手。"以这样的长期思维和全局眼光来做事,能持续稳定地把一件事做下去,也能获得更好的人生。

还有一个典型的案例是曾国藩。曾国藩是一个"守拙"的人,从不相信取巧的事物。他打仗靠的也是一股笨劲,从不求奇谋,只喜欢"结硬寨,打呆仗"。湘军每攻打一个城市,并不着急和对手开战,而是修墙挖壕,一道又一道,直到这个城市水泄不通,等到城中弹尽粮绝,就是获胜之时。我们常常跟着世界跑,希望自己跑快一点,再快一点。但我们可能忘记了:护城河多宽,根系扎得多深,决定了一个人能走多远。或许像曾国藩这样,用最笨的办法,才能打赢世界上最善奇谋的军队。

2015年,我进入了保险行业。我所在的公司有一个文化——3W文化,要求每星期签约3件保单。一般来说,一个保险业务员一个月能完成1~2件保单。每周3件保单意味着一个月12件,相当于同行的5~6倍。我当时刚刚到杭州不久,没资源没人脉,面临如此大的业务压力,非常焦虑。但还是要做,于是我逼着自己去面对业务要求,打不想打的电话,见不想见的人,尝试加入原来不敢碰的圈子……现在回想起来,那段时间自己就像被拉满的弓弦,一直在使劲。所幸射出的箭正中靶心,连续108周每周签约3件保单,这个成绩至今都是令我骄傲的成就。

现在回头看那两年,可以说是把我打碎重塑了一次。我获得了很多机会,有幸受邀参加各种分享会和竞赛,接触到很多优秀的同行，结识很多大咖，积累很多无形资产。这也倒逼我不断提升自己的能力，培养好习惯，增强行动力，以更好地完成业绩，服务客户。渐渐地，我的影响力扩大了，客户会主动来找我，也会将朋友介绍给我，这样就启动了不断正向循环的飞轮。

贝佐斯问过巴菲特一个问题："你的投资理念并不复杂，为什么没多少人直接复制你的做法呢？"巴菲特的回答是："因为没人愿意慢慢变富。"这句话可以说振聋发聩。巴菲特的"慢慢变富"到底有多慢呢？他90%的财富都是60岁之后获得的。

流水不争先，争的是滔滔不绝。对我们普通人来说，能够把握的是"不绝"，也就是持续性，在一辈子的维度上持续稳定地做一件事。然后争取"滔滔"，初始积累少，那便用时间累积，最后才是"争先"，一点点走到所在领域的前列。知行合一，如果一生只做一件事，那当下的每一份付出都在为自己的未来添砖加瓦。

要创造奇迹，人们必须长期付出巨大努力，积累复利。正所谓"文章本天成，妙手偶得之"，一次做到100分，不是没有，而是极少。次次做到100分，几乎可以说是不可能。每个人的成长都需要积累，需要长时间的积累。

很多人希望做时间的朋友，和时间同行，要做的不是拼命追赶时间，不是一直尝试新事物，不是不断切换新赛道，而是专注地做一件事，认真持续长期地做。持续积累，人生才会有存量，积累财富、影响力、社会地位、知识创造等。

如果你希望从现在开始积累存量，可以尝试培养新的习惯，如阅读、反思复盘、运动等。王尔德说："起初是我们形成习惯，后期是习惯塑造我们。"如果没有习惯，即使开始行动，做完一个闭环，也无法形成系统，最终还是会停下来，不会再继续。如果形成习惯，无须提醒，直接开始行动，每次把事情做完，一次一次优化迭代，最终就会建立行动系统，积累复利。

我觉得我最好的习惯之一是记录。不久前我统计了自己的笔记数量，已经超过 3000 篇，其中还能翻到在海尔公司任职时期写的汇报。现在每天写规划、写日记、写反思、写笔记都已经成为一种习惯，也成为日常行动的一部分，想到什么就会马上记录下来。任何事情，养成习惯之后就变得很容易，也不再需要调用注意力提醒自己完成。没有束缚地做一件事，不只效率高，感受也非常愉悦，收益积累起来非常多。

2.4 体：找到人生意义

找到点，启动行动；画出线，完成一个循环；展开面，长期持续积累收获复利。做到点线面三个维度，基本上可以将一件事持续做下去，并且取得不错的成绩。如果你想更进一步，完成一个梦想，做成一件影响长远的事情，那么你还需要"体"——明确愿景使命，找到人生意义。

愿景，是我们心中描绘的对未来的美好图景，如 10 年、20 年后，我们变成了怎样的一个人，做成了怎样的事情，拥有怎样的生活。使命,就是做些什么能实现愿景。使命就是我如何使用自己的这条命,来实现自己心中美好的未来。愿景,能激发人产生强烈的使命感。

很多人开始做事的时候,满怀激情,仿佛有用不完的精力,期待着一展身手。但激情,是一种消耗品,很少人能一直充满激情。而实现愿景的过程中,一定会遇到困难和挑战,甚至可能越走越艰难。疲惫无力,袭上心头,这时候,你是否还坚定如初,是否会怀疑自己的初衷,是否想放弃?如果你的心中有愿景,它就如夜空中的启明星,指引着你前进的方向,只要抬起头,你就能重新获得力量,坚定迈出下一步。如果你的心中没有愿景,即使你有着强大的心力,也很难走出漆黑的深夜,最终很可能无奈放弃、失落而归。

愿景使命,是我们的选择。每个人都可以做出自己的选择。选择安逸,还是选择努力,选择拼命"卷"自己,还是躺平,都可以。这是你的权利,只是一旦做出选择,就要对自己负责。还记得吗?你在运营自己的人生无限公司,无论选择是什么,你对这家公司负有无限责任。

卡尔·荣格说过:"人类无法容忍没有意义的生活。"我们对意义的提问和回答永远不会停止。很多时候,我们所获得的成果正是建立在对意义孜孜不倦的探索之上。因为意义,我们去探索新事物;因为意义,我们接受挑战,忍受苦难,去做难而正确的事情。

我常常会问自己,我的人生意义是什么?工作的意义是什么？生活的意义是什么？在回答这些问题的过程中，我逐渐描绘出清晰的愿景，并拥有强烈的使命感。于我而言，终身成长是终身信仰，同时我希望自己可以帮助和成就其他人。正是基于这样的使命感，基于对成长的刚需，我不断尝试，不断总结，不断迭代。既然选择了成长，就不允许自己停下脚步。有时候也会觉得很累，情绪会很消极，状态变得颓废，但只要抬头看看自己的愿景，想想自己的使命，问问自己追求的意义到底是什么，就能重新发掘内在的意志力，重新肯定自己的价值。

我们可以尝试使用 NLP 逻辑层次模型（图 2-5），把自己的愿景拆得更加细致。神经语言程序学（neuro linguistic programming，NLP）是由美国的理查德·班德勒和约翰·格林德于 1976 年创立的一个心理流派，是一种使用思维（神经语言）来改变行为程序（或行为模式）的方式。NLP 逻辑层次模型则由 NLP 两位创始人的学生罗伯特·迪尔茨和人类学家格雷戈里·贝特森创造。

具体来说，NLP 逻辑层次模型从下到上分为六个层次：环境、行为、能力、信念、身份、精神。挖掘自我可以依据这六个层次进行：何时？何地？做什么？如何做？为什么？我是谁？我和世界的关系是什么？越向上越主观，越要向自我的内在深挖。

每个人向世界展现出来的都是表面，要透过表面，抓住内在本质。NLP 逻辑层次模型的六个层次从环境到精神，从客观

第 1 部分　武装自己

图 2-5　NLP 逻辑层次模型

到主观，越是内在的维度，对外在的影响越大。

NLP 逻辑层次模型的六个层次也可以分别对应六种身份：抱怨者、行动派、战术家、战略家、觉醒者、创造者。

- 抱怨者的目光看到的都是自己无法改变的客观事实：我已经尽全力了，事情没做成，要么是运气不好，要么是客观阻碍。
- 行动派则会回看自身：这次没做成，一定是我不够努力，再加把油，一定可以成功。
- 战术家会站在更高的维度思考：这次为什么没做成呢？还有没有方法是我没想到的，还有没有哪位大咖的经验可以借鉴呢？

仅从思考方式来看，三者高下立现。抱怨者把责任推给别人，无法为自己负责的人永远不会成功。行动派总找自己的问题，但埋头付出努力，不抬头看看方向，可能因为走偏而花费更多时间。战术家会将自己抽离出来，从全局视角审视问题，以提出更好的解决方案。

- 战略家更进一步，想清楚了自己为什么做，拥有坚定不移的信念。
- 觉醒者对自我身份有清晰的认知，知道自己是谁，什么样的身份，承担怎样的责任，对自我有明确的定位和强烈的认同，用由此而生的责任感和使命感，驱动自己行动。
- 创造者不断思考意义，厘清自己与社会的关系，不再追求单纯的物质，而是思考如何影响他人，如何帮助他人。

不同维度的人，面对同样的问题，思考的维度是不一样的。这六个层次可以帮我们看清自己，你也可以进行拆解，看看自己处于哪种状态，以及如何达到更高的阶段。在某种程度上，你可以选择更高的层次，然后去实现。很多时候，事情能否做成，与能力无关，与环境无关，与你的信念和价值观有关，与你的身份有关，与你的愿景有关。

成长从来不是一件容易的事情，持续成长难度更大。学习本质上是为了解决问题，解决成长中遇到的种种问题。从知道到做到，知识会在实践中穿过身体，成为我们的一部分。这个过程是一个刻意练习的过程，先完成再完美。知行合一，知到极处便是行，行到极处便是知。保持求知的精神，你会发现生活中处处是学问，并且要主动地寻找优质内容，积极地自学。这时候，你就是一个真正的学习高手。

我希望自己能帮你推开一扇门，让你看看自己未来的可能性。但一切还是需要你主动往前迈一步，把你想做的事情一点点落实。

本课复盘及思考

复盘

这一课，我们说是如何拥有极致的行动力，我使用的是点线面体模型。

点：是开始，扣动行动的扳机，想做就做，说做就做。

线：是闭环，先跑通最小的行动闭环，再进行迭代优化。

面：是习惯，养成更多好习惯，积累人生的存量，持续稳定收获复利。

体：是意义，找到自己的愿景使命，努力实现人生意义。

人生皆有意义，希望你能以愿景为指引，与使命融为一体，用行动击穿每一个当下。

思考

有没有一件事，你一直想做，却迟迟没有开始？

如果有，请用点线面体模型、福格行为模型、NLP逻辑层次模型分别进行拆解，分析：为什么想做却没做？还要不要做？为什么？

做的话，如何快速行动？有什么长期规划？

第3课 效能：掌握高效能充电法

西方有句谚语：精力就是权利。这个时代节奏越来越快，但是每个人的精力和时间是有限的。

假设一件事情需要花很长时间，按照正常的逻辑就要将其拆分成小任务，分配下来，每天做一部分。但我们往往把事情拖到最后才去做，把压力都集中到一小段时间，日夜颠倒地完成。

比如要做一次演讲，原本计划的是7天完成，第一天确定主题，第二天到第四天写稿，第五天修改，第六天到第七天背稿。计划得很好，实际却一直纠结主题，纠结内容，直到第六天开始写稿，匆匆忙忙地写完，一边修改一边背稿。最后站上台演讲，完成交付，却发现原本可以写得更好，讲得更好。这就是效能比较低的表现之一。高效能做事，不是仅付出努力就行，还包括个人的状态、精力等多个方面，同时方法也很重要。

提到效能，就不得不提一本书——《高效能人士的七个习惯》，作者史蒂芬·柯维认为：效能就是产出和产能的平衡。高效能是一种习惯，是知识、技能和意愿相互交织的结果。同时，既然习惯可以培养，那么高效能也是可以培养的。书中提出的高效能人士的七个习惯包括：积极主动、以终为始、要事第一、双赢思维、知彼知己、统合综效、不断更新，这些习惯能让更多人达到产出和产能的平衡，实现自己的人生价值。

将效能拆解为三个大方向，可以抽象为一个公式模型（图 3-1）：

$$效能 = 方向 \times 效率 \times 精力$$

效果与利益　　做正确的事　　正确地做事　　充沛的精力

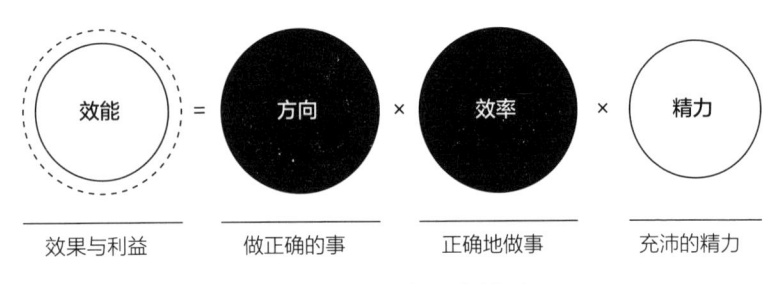

图 3-1　高效能工作模型

方向，是以终为始，做正确的事。

效率，是掌握方法，正确地做事。

精力，是基础保障，要有充沛的精力。

3.1　方向：以终为始，做正确的事情

你的"无限责任公司"正在朝什么方向前行呢？未来计划往哪个方向走呢？

这个问题，我们要常常问问自己。方向不对，努力白费。一艘船不知道驶向何方，任何一个方向吹来的风都是逆风。没有方向，走哪条路都不对，任何行为都是巨大的浪费。方向错了，越努力，离正确的方向越远。高效能，首先要保证方向正确，否则可能白忙活一场。

那么什么是正确的方向呢？如何保持正确的方向呢？

史蒂芬·柯维在《高效能人士的七个习惯》中提出了一个方法——以终为始，站在终点思考一件事想要达成的目标，根据最终的目标做出选择。大到人生，小到一天，我们都可以运用这一方法。从人生的维度上看，站在生命终点，想象自己的样子，思考自己最想做成的事情，然后回到现在做出选择，做好计划，马上行动。

"以终为始"提醒我们，做任何事情，要找准方向，知道自己在做什么、为什么做、如何做。这一方法可以帮助我们坚定自己前行的方向，不会因为纷繁复杂的世界而迷失，以至于在追寻目标的过程中误入歧途。

面对世界的不确定和复杂性，很多人都不知道自己的方向是什么，也没有目标，得过且过，幻想着"一夜暴富"，却口喊"躺平"。运用"以终为始"的方法，即使只是想象一小时后自己达成了怎样的目标，这一小时也有了清晰的方向，知道自己该做什么，要取得怎样的成果。同样的道理，想象一天、一年、一生的终点是怎样的，做成什么，成果几何，找到最重要最想要的目标，确定方向，积极主动且专注地行动，实现最重要的目标，工作生活的效能将大大提高。

很多时候，没有成长发展，感觉自己停下来了，不是能力问题，也不是方法的问题，而是没有清晰的目标和方向。不知道自己的方向，往哪儿走都是错的。不知道自己要什么，任何人或任何事都可能无法满足我们的期待。知道自己要什么，合适的人或事物出现时，我们就能马上抓住。方向明确，目标清晰，时间会自动匹配。把要做的事情安排到时间表上，按部就班地推进，遇到问题解决问题，随时调整方向偏差。沿着正确的方法努力前行，时间会成为我们的朋友。

刚开始做保险，每周要完成三件保单，我给自己定的目标是每天三访。要达到这个目标是很难的，因为我是一个内向的人，不擅长主动沟通。最开始的时候压力非常大，真的没有那么多客户可以约见。但定了目标就要用来实现，在实在没有客户的时候，我想了一个办法，就是坐顺风车。那时候，从公司到家大概20分钟车程，坐上顺风车后，在车内和车主主动接触，一来锻炼我的破冰和沟通能力，二来可以开拓客户渠道。有时候我还会主动筛选顺风车车型，不是因为功利，而是要寻找更精准的目标客户。通过这样的方式我接触到了很多车主，后来陆续还真有人成了我的客户。清晰的目标、强大的愿力，推动了我的积极行动。

有明确的方向，实现的路径是非常清晰的。就好像在导航应用中定个位置，要怎么去，都可以提前规划好。不用怕不知道如何达成目标，就怕不想要不敢要。你关注什么，就会把什么"吸引"到你的生活中，这就是吸引力法则。相信你自己，相信相信的力量，朝着你的目标前行。

3.2 效率：掌握方法，正确地做事

1. 管理好时间

你的"无限责任公司"，最重要的生产资料是什么？

答案是时间。一天 24 小时，86400 秒，不论贫富，不论男女，不论地点，每个人都只有这么多时间。每个人每天都有 86400 秒存入时间账户，也都必须用掉这 86400 秒。每天存入，每天清零，对每个人来说都是公平的。

时间就是生命，因为每过一秒，就意味着生命过去了一秒。做每件事是在用时间做，也是在用生命做。如何使用时间，就是在如何使用生命。

你如何使用自己的时间呢？随意挥霍，还是用来做真正有价值的事呢？我相信你一定希望自己能好好利用时间，做自己想做的事情，创造价值，但往往花了很多时间做各种琐碎的事情。检视自己如何使用时间，我常常会问 4 个问题：

- 有没有什么事情，根本不需要做？

不需要做的事情，一开始就不应该做。已经做了要反思为什么会做，以及以后如何避免做不需要做的事情。

- 有没有什么事情，可以交托给其他人来做？

有的事情能够委托给他人来做，就应该委托出去，而不是自己一力承担，比如身为管理者，把大小琐事都管了，不仅自己忙翻天，下属也很难得到成长。

- 有没有什么事情，耗费过多的时间？

做事之前，我们心中都会对用时有预测，如果实际情况远远超出自己预测，就要思考为什么耗时这么长，为什么一直没有完成，找出原因并提出改进方案。

- 有没有什么事情，浪费了别人的时间？

时间就是生命，是自己的生命，也是他人的生命。珍惜自己的时间，也要珍惜他人的时间。

时间管理的本质，是管理自己。时间会按它的节奏前行，我们只能与时间同行。跟上时间的脚步，要管理好自己，明确前行的方向，清楚地知道自己每天在做什么，如何为未来做准备，把时间投入最重要的事情上。

这是事件驱动的行动方式。人不能太闲，一定要让自己忙起来，让自己有事可做。无聊到无事可做，会纠结做什么，完全没有效能可言。真正的高效能，不纠结做什么，也不纠结怎么做，而是方向明确、计划清晰、行动迅速。

我刚刚进入保险行业的时候，养成了每天三件事的习惯：每天写三件与核心目标相关的三件事，用尽全力完成这三件事。这个习惯让我非常有成就感，每天都能完成一些事情，取得一些成果，不用焦虑明天做什么，后天做什么，只要想今天怎么把事情做好。

相信你一定听过下面这个故事。在课堂上，老师把大石头放满整个瓶子，问学生："瓶子满了没？"学生回答："满了。"老师拿出一些小石子，放进瓶子里，填充了大石头之间的空隙，又问学生:"现在满了吗?"学生回答说:"满了。"老师又拿出一些沙子,再次填满了瓶中更细的缝隙。学生觉得这次真的满了。老师拿出了一瓶水,倒进瓶子里。学生发现瓶子里还可以渗进很多水。

这个瓶子常常被用来形容我们的生命时间,大石头代表非常重要的事情,小石子代表一般重要的事情,沙子代表琐碎的杂事。按照大石头、小石子、沙子的顺序填满瓶子,就是按照非常重要的事情、一般重要的事情、琐碎杂事这样的顺序来把这些事情安排到一天 24 小时里。如果反过来,先把沙子放进瓶子里,就没有空间放小石子和大石头这些重要的事情。换句话说,如果把时间都耗费在小事情上,就没有时间做真正重要的事情,每天忙碌于小事情,毫无价值。

聚焦于自己的方向和目标,专注地做重要的事情,在此基础上填满自己的日程表,按照日程安排行动。时间永远不够用,因为它只有那么多,核心是抓住重要的事情,有序安排,积极行动,让自己变得更有效率,才能游刃有余。

人是贪心的,经常既要又要还要,但人又很难一心二用。有时候我们自以为可以同时做两件事,比如边看电视边做其他的事,事实上效率都不高。专注于当下才能真正把事情做好。

管理好时间,还有一个需要注意的原则:远离丢猴子的人。管理学领域有一个"猴子理论",这里的"猴子"指的是困难、麻烦、压力或责任。"丢猴子的人"就是习惯把自己身上的困难、责任丢给他人的人。用个流行词来形容,他们喜欢"甩锅"。有时候，他会找你聊天，说起自己遇到的困难，怎么都找不到解决方案。当你热心地提出自己的想法和建议，他可能说："这个你会，不如你来做吧。"这时候，一定要注意，不要盲目接下，如果能做也能安排得过来，可以尝试着接下，如果你的事情非常多，就要敢于拒绝。首先这不是你的责任，其次你也有自己的事情，可能已经一身的"猴子"，还接下他人的"猴子"，很可能原本的目标任务都完不成。紧盯着自己的目标，一切围绕目标行动。

2. 善用好工具

工欲善其事，必先利其器。善用工具，是人类社会不断发展的原因之一。我自己可以说是一个"工具控"，提倡在能力范围内，尽量选择更好更贵的工具。为什么呢？因为工具是一个效率放大器，用好工具能在很大程度上增强个人的能力。

工具不仅仅是我们所使用的各种实体，还包括手机里的软件，最新的技术等。当下是一个技术爆发的时代，人与人的差距可能会因技术进步而无限拉大。在新技术问世时，能迅速学习掌握运用，有可能快速升级。

日常生活和工作中一定会有一些高频使用的工具，如职场人士的电脑、手机、iPad，做视频号直播所需的拍摄设备，厨师每天要用的厨具等，都建议选择更好更能提高效率的。也许两个同类工具看起来差别不大，但只要其中一个能提高一点点效率，日积月累下会形成巨大的差别。也可以把它看作一种投资，效率更高，能把事情做得更好，能省下更多的时间，能创造更多的价值。

比如买手机我强烈建议买个大内存的，身边很多人为了节省预算，买了一个内存比较小的，结果使用一段时间后，就需要经常清理，手机卡顿非常明显。我始终觉得应该在支付范围内尽可能用好工具。

我以前是没有戴手表的习惯的。2019年经朋友推荐我买了一款运动手表，它对我的帮助太大了。我现在几乎24小时都佩戴着，跑步、番茄钟、冥想、睡眠监控等场景中都会用到它。我通过它了解自己的身体状况，满足生活中的很多高效需求。举个例子，一次只做一件事，是一个很朴素的道理，但很少人能做到。我也经常会三心二意。有时候要备课，我却不自觉地刷起了手机，一下子10分钟就过去了。于是我用运动手表来自建场域：设定25分钟的番茄钟，专注备课。25分钟后收到提醒，休息5分钟。

3. 拥抱优质环境场

我们都生活在环境中，被环境塑造着。不同环境对个人影响是非常大的，如果想做一件事，就要为自己打造一个沉浸式工作的优质环境。

首先可以做的是，自我设置空间限制，屏蔽外部干扰，全力以赴地做好眼前的事情。

有一个非常经典的故事：法国大文豪维克多·雨果在创作

时也受到拖延症的困扰。他当时已经非常有名，出版社预付稿费请他创作。随着截稿时间的临近，他却沉迷于社交，一个字都没写，无法按期交稿。出版社给他最后一次机会，6个月后交稿，否则将起诉他。痛定思痛之后，雨果把自己锁在房间里，让仆人拿走所有衣物，只留下一条毯子裹身，断了自己出门的念头。闭关5个月后，他完成了旷世之作《巴黎圣母院》。

J.K.罗琳也曾为了写作，给自己设置空间限制。那是2007年，她正构思《哈利·波特》系列的最后一部作品，却陷入创作瓶颈，在家中很难全神贯注地工作。于是她入住爱丁堡市中心的五星级酒店巴尔默勒尔酒店的套房，在那里完成了《哈利·波特与死亡圣器》的创作，让这个系列完美收官。

我也有过一次类似的经历，"振源私房课"第一期的课程海报发出去后，我才刚刚完成课程大纲。当时距离开课只有10天时间，我把自己关在书房，利用空间局限和截止时间的双重压力，完成课程所有内容的创作，也为后续十几期课程的开启按下了按钮。

利用空间的第二个维度是"好环境"。

我们都知道好的环境对一个人的塑造很重要。阅读，去图书馆或书店，比在家里更有仪式感，更有效率。跑步，加入跑团，更不容易偷懒或放弃。

好圈子也是好环境。想让自己更有行动力，就进入行动力培养的社群，和大家一起提升行动力；想赚钱，要多和赚到钱的人在一起；做自媒体，向取得成果的前辈请教。

如果没有合适的圈子，还可以自己建立圈子。为了敦促自己阅读经典图书，我特别推出了一个"振源老师经典共读营"，组建一个圈子，和大家一起每月1—7日共读一本书。我是发起人，要定期进行分享，这也倒逼我要好好读书。转眼已经持续了20多个月了，也就是我已经领读了20多本书。这就是主动搭建好环境的价值。

4. 清单管理

提高效率还有一个常用工具——清单。所有事情都可以列清单，每天的工作事项、拍视频流程事项、生活用品采购、出行行程行李等，都可以列清单，甚至人生规划也可以使用清单。每件事情都可以一项项罗列出来，拆解到足够细。列出清单后，我们便可以专注于做事了。

罗列清单的过程，是一个拆解的过程，要做的事情会在脑海里演绎一遍，能够提前发现并解决问题，然后迅速落地，开始行动。因为很多问题提前预见并思考了解决方案，行动起来也不会觉得有障碍，推进效率将提高很多。

比如我在最开始做短视频的时候，就经常犯错误，有时字幕没检查，有时音乐忘记配，有时画面的亮度没有调整等。后来我就把常见问题总结一下，形成了自己短视频工作清单，在做的过程中不断检查有没有遗漏就好。把方法和工具嵌入行动中，用事件驱动自己。

3.3 精力：精力管理，为高效能保驾护航

付出努力却事与愿违，是我们常常会遇到的情况。《精力管理》一书中说：我们不是时间不够，而是精力不足。时间是有限的，再高效的时间管理也不能保证我们有充沛的精力处理每一件事，做好精力管理能事半功倍。人的精力来源分为四类：体能、情感、思维、意念。

体能是生活最基本的精力来源，关键是建立良好的生活习惯。

情感可以更有效地支配个人表现，而所有能带来享受、满足和安全感的活动都能够激发正面情感。情感精力的关键因素是自信、自控、人际关系和共情。

最有益的思维方式之一是现实乐观主义——看清现实真相后，依然朝着目标积极努力。优化思维精力的关键在于思想准备、构建想象、积极的自我暗示、高效的时间管理和创造力。

意志的关键动力在于性格品质，由激情、奉献、正直与诚实支撑，能带来动力、激情、恒心和投入。

我从自己的实践经验出发，总结了提升体能精力和情感精力的方法，大家可以拿来即用。

1. 体能精力

有一句流行语是这么说的：世界是你们的，也是我们的，但是归根结底是身体好的人的。认真了解各行各业优秀的人，

会发现他们都是精力充沛的人。试想一下，22 岁大学毕业，到 60 岁退休，其间有 38 年的职业生涯，退休后还有二三十年时间，如果体能不好，生活质量是难以保证的。

提高体能，可以从三个方面入手：睡眠、运动和饮食。

睡眠，在我们的生活中占大约 1/3 的时间，睡眠对人的重要性不言而喻。有研究显示，大脑是不休息的，睡眠时大脑会切换到另一个模式，清理日常产生的废物。清理之后，也就是一觉醒来，我们会有更清醒的头脑，更好的判断力和情绪状态。

如果给自己的睡眠状态打分，你会打多少分呢？我过去给自己打的是负分。我的睡眠入睡称得上秒睡，但只能睡 6 小时左右，第二天一早起来没睡够，常常精力不足。判断睡没睡够的一个标准就是一早起来是否神清气爽。为了调节睡眠状态，我用运动手表记录自己的睡眠时间，它能监测睡眠情况并给出反馈，让我了解自己的睡眠，并及时调整。

了解睡眠情况后就可以按照自己的需求调整睡眠习惯。培养好的睡眠习惯，有一些通用的方法，大家可以作为参考。

- 起居有节：早睡早起，培养生物钟的节律。
- R90 睡眠法：以 90 分钟为一个睡眠周期，每晚睡 4~5 个周期。
- 睡前放松：睡前洗个热水澡，然后阅读或听音乐，轻松入睡。
- 适当晒太阳：每天晒 30 分钟的太阳，促进入睡。

再来说运动。人是自然进化的产物，运动是人生活的自然行为，但现在出于种种原因，我们越来越少运动，这也导致我们的精力和身体的耐受力下降。好身体很重要，所以我们要从现在开始运动。

运动首先要解决的是潜意识。你认为自己擅长运动，还是不擅长运动呢？我们很多人都认为自己不擅长运动。我就是如此。小时候，我在姥姥家生活，姥姥常常担心运动会导致我受伤，不让我参加运动会的任何项目。我甚至也给自己贴了标签："我不擅长运动。"即使工作多年后，我也感觉自己不擅长运动，体力欠佳。开始运动首先要打破这种潜意识，对自己说："我天生就擅长运动。"

这也是事实，人本来就不可能不动，古人终日捕猎、劳作，运动量都很大。而且人体很神奇，一旦运转起来，各个系统都会主动参与，协同起来用更低的能耗完成运动目标。在运动过程中，除了骨骼肌肉组成的运动系统之外，神经感知系统、心肺系统、消化系统等都会得到运转，一起完成运动目标。

开始运动时，找一个自己喜欢的运动项目。很多人不喜欢运动，或者三分钟热度，原因就在于没有找到喜欢的运动项目。每个人的身体情况和喜好都不一样，多尝试，找到合适的喜欢的运动项目。

运动要适量适度。很久没运动，突然大强度运动，或者一直运动，一直给自己加量，对身体都是有害的。监测运动强度可以观察运动时的心跳次数，一般来说不超过130次/分钟，监测工具可以使用运动手表。如果现在还做不到定时定量运动，也没关系，先动起来。只要动起来，就比不动好。

运动是一个长期持续积累的过程。没有人能一天练出 8 块腹肌，要像跑步一样，今天跑 1 千米，明天跑 1 千米，第 11 天跑 3 千米，第 30 天才可能跑 10 千米……一天天进步，一点点积累。

最后说饮食。饮食，是身体的"燃料"。饮食不科学，营养不均衡，就不可能精力充沛。保持精力的饮食方法是制订适合自己的饮食方案。基本的原则包括：

- 摄入适量的碳水化合物。
- 多吃富含优质蛋白质的食物。
- 选择含优质脂肪的食物，避开含有反式脂肪酸的食物。
- 多吃蔬菜，保证维生素的充足摄入。
- 高频喝水，不要等到口渴才喝。

2. 情感精力

人不是机器，状态总有起伏，有时候积极主动、愉悦满足，有时候疲倦乏力、低落失望。变化是正常的，接受变化，但不要让自己习惯性陷入负面情绪中，要学会激发自己的积极情绪，更多地处于积极状态中。

能带来积极情绪的事情很多，如唱歌跳舞、阅读写作、运动健身、社交活动等，做什么并不重要，关键是全身心地投入其中。

提升情感精力，我非常推荐冥想。《冥想：唤醒内心强大的力量》一书中提到："冥想开发潜能，创造属于你的奇迹，通过冥想认识自己，因为只有这样，才能有助于内在潜能的挖掘和发挥。"冥想是一种改变内在意识的形式，可以获得深度的宁静状态，从而增强自我认知。冥想过程中关注呼吸，放空大脑，平静心绪，把意识都收回到内在，开始觉察内在，和自己对话，梳理内在状态，调整精力状态。

为了更好地冥想，我甚至还买了冥想头环，效果真的非常好，还能记录我的脑电波的活跃程度。

关于精力管理，我从运动中获得非常多的正面影响，我特别补充一下我的跑半程马拉松的经历。

附：3 个月从 0 基础到完成半马，我是如何做到的？

前面提到过，我过去认为自己不会运动，2021 年在跑步教练文清老师的带领下开始训练跑步，打破内在的错误观念，并且在训练 3 个月后，完成自己的第一个半程马拉松。此后我先后 4 次完成了半程马拉松，这放在以前是想都不敢想的。

我知道很多人和过去的我一样，认为自己不会运动，害怕开始运动，但又迫切地需要提升自身精力。我希望自己的跑步经历能给你一些启发和开始力量。

Q1：为什么开始运动？又为什么选择跑步呢？

一直以来，我的理念是"生命在于静止"。从小我就认为自己不擅长运动。萌发运动的念头，首先因为人到中年，明显感受到体力和精力的下降，运动是保持充沛精力的方法之一。

这几年，我对健康的重视度越来越高，我本身在保险行业，经常跟客户朋友们聊"百岁人生"，到老年还能保持健康，就要从现在开始运动。跑步是我对自己未来的投资。

之所以选择跑步，是因为它很容易上手，一个人穿上跑鞋，抬脚就能跑，不用各种装备，不用特别的场地，不用配合他人时间。以前也有朋友找我一起打球、划船、爬山……但持续的时间都不长，一来我自己的热情度不高，二来朋友们的时间很难匹配。最终，跑步成了我的首选。

Q2：为什么跑步还需要教练呢？

我是运动小白，从小到大没正式参加过运动项目，从来没了解过跑步知识。也有人说过，跑步谁都会呀。确实，跑两步是没问题的，但想要长期坚持跑步，我认为还需要专业科学的指导。

我很幸运，遇到了一位专业教练，她是多年的马拉松跑者，也是专业的跑步教练。和她交流后，我了解到跑步也有很强的专业性，训练方法不对，跑步费力不说，还可能会受伤。"专业的事情，交给专业的人去做"，本着这样的理念，我决定跟随教练学习跑步。

Q3：从0开始跑步，如何制订计划呢？跑半马是一开始就定下的目标吗？

有教练带，和自己跑不太一样。自己跑，就是找个合适的场地跑起来。有教练带的话，第一步不是跑步，而是做体测，包括基本的身体评估、体能评估、心肺功能检测等，全面了解身体状况，然后制订目标和计划。我还记得做体测的时候，在跑步机上跑了2千米，又在室内网球场跑了3千米。全程5千米，跑跑走走停停，完成后感觉身体被掏空。

当时定下的目标是用2小时27分完成半马。整个训练计划为期3个月，一共跑步30次，每次30~80分钟，心率也有明确的要求。看到计划，我的第一反应就是怀疑自己：5千米都这么费劲，21千米的半马我得跑成什么样？教练看出了我的想法，说："只要坚持，一定能完成，完不成学费退给你。"于是我心怀忐忑地咬牙答应。

Q4：确定好目标和计划后，你还做了哪些准备？你有专业装备吗？

跑步的装备很方便，一般只需要跑鞋、运动服、运动手表。

我以最简单的方式开始训练——花最少的钱，买最少的装备。首先盘点自己的装备，运动手表、运动服都有，可以不用买。没有专业的跑鞋，所以买了一双教练推荐的专业跑鞋，就开始跑了。一个月后，为了听音乐听课程，我还买了一副蓝牙耳机。

我的装备都是根据实际需要来配置的，先看自己有什么，看能不能满足需要，能满足就不用买了，满足不了再考虑购入性价比高的装备。

Q5：在工作很忙的情况下，你是如何坚持训练的呢？

在坚持训练方面，我要非常感谢教练。我的工作基本上是满负荷的，下班回家都比较晚。刚开始跑，经过教练的指导，基本可以独立完成跑步计划，但每次按照训练计划跑步，都感觉时间很漫长，一边跑一边看表，"还有多久？怎么还不结束？"5千米都完成得很困难，跑完筋疲力尽。每次下班后，一想到还要完成跑步计划，我都非常挣扎，"要不要继续跑呢？"

这时候，我都会收到教练的提醒，她会详细地告诉我训练计划，要完成的内容是什么。如果遇到问题，比如感冒，身体不舒服，都会给出建议。于是，我只能默默地去体育场，完成当天的训练。

教练不只给方法，还会跟进计划，及时提醒和督促训练，并就问题给予专业的建议。大部分人容易高估自己的自律性，有一个教练在身边跟进进度，推进训练进程，是非常有必要的。

Q6：一个人跑步无聊吗？怎么克服这种无聊呢？

刚开始的时候非常无聊，我甚至问过自己："振源，何苦呢？不运动也不会怎么样，这属于没事找罪受。"后来我一边跑步一边听课，把自己囤的课程都听了一遍。这种方式可以有效地转移自己的注意力，不再过分关注自己跑了多长时间，跑得怎么样，而是关注课程内容，思考听到的内容。

运动手表也给了我很好的反馈，展示每一次跑步的成绩和数据。看到数据越来越好，我也越来越有动力。

Q7：有没有加入跑步组织呢？

第一个月，我都是一个人跑。第二个月在教练的推荐下，加入了"得到杭跑团"，这是一个跑步社团。加入社团之后，看到跑步高手在群里打卡，令我大开眼界，也被激起斗志。

还记得第一次参加跑团环西湖跑的活动，六点半集合，我却迟到了，七点才到。我到的时候，大家都已经出发，于是只能自己沿着西湖跑。那是我第一次这么早到西湖边，天气非常好，清风拂杨柳，湖光印山色，西湖美得让人沉醉。跑着跑着，我碰到了很多来自各个跑步社团的人，大家都是一早便来到西湖跑步。

不知不觉，我环西湖跑了一圈，一看里程竟然有10千米。居然突破了自己的纪录，这让我非常有成就感，也增添了很多信心。跑完之后，我还认识了很多跑友，在群里打卡勉励彼此。

一个好圈子太重要了。当你想偷懒的时候，看看群里的消息，马上就能恢复动力。

Q8：训练计划100%执行了吗？有没有中断或被影响呢？

即使我很努力，依然有部分计划没有完成。训练计划完成了80%，基本保证了每周两次训练。其间有几次出差，我都带上了跑鞋，有时间就会就近跑一跑。

坚持任何事情，都会遇到问题，打断计划或无法完成既定的安排。提前做好准备，就能应对这样的情况，找到合适的时间做想做的事情。

Q9：什么时候开始有信心完成半马？

我自己在完成半马之前，并没有清晰的概念，更谈不上信心。对我有信心的是我的教练。她提前带我跑了一次10千米，那一次我的完成情况非常好，跑全程比较轻松，配速也是我比较好的成绩。跑完后，教练就说我可以挑战半马了。我对自己能否完成将信将疑。

原本我计划在2021年12月5日参加千岛湖马拉松，但受新冠疫情影响，比赛被取消。于是我们决定12月4日在城北体育公园进行挑战。这一天是我36岁的生日，我想给自己过一个值得纪念的生日。

Q10：为了挑战半马，你做了哪些准备？

挑战前两天，我按照跑步流程完整地进行了一次训练，包括起床时间、跑步时间、食物等都和挑战当天一致，只是跑步距离没有21千米，只跑了6千米。

挑战前一天，准备了饮料、香蕉等食物以补充能量。我还邀请了我太太和儿子来为我加油，做我的后勤支援。

尽管不是正式比赛，但我非常兴奋，以至于挑战前一晚12点多才睡。

Q11：第一个半马挑战顺利吗？其间有没有遇到困难呢？

还真是遇到意料之外的状况，体育公园里正在清理塑胶跑道，跑道有1/3被挖掉了。我问教练："怎么办？"她说："按计划进行，正式跑马拉松也可能会遇到突发情况。"于是我调整好心态，开始跑步。

前5千米比较轻松，5~10千米感觉越跑越兴奋，13千米开始出现酸痛感。17千米的时候，感觉腿很重，和自己说：还有4千米，坚持。其间，我喝了几次水，吃了些香蕉，以补充能量。

最终跑完21.14千米用时2小时14分钟，比目标时间少了

13 分钟，挑战成功！

其间，教练还有几位跑友陪着我跑了后半程，不断鼓励我，让我备受鼓舞。

Q12：这次成功挑战半马，最大的收获是什么？

训练 3 个月，打卡 28 次，累计 175 千米，2 小时 14 分完成半马。我对这个成绩非常满意。对于一个从小到大都很少运动的人，用 3 个月成功挑战一个半马，这个成就还是意义重大的。我对自己有了更强的信心，原来我不是"运动渣"，还是很有运动天赋的，值得继续挖掘。

一开始我的身体是排斥跑步的，通过坚持，还有教练和跑友的陪伴，渐渐习惯了跑步的节奏。这 3 个月，最大的感受是体力变好，精力更充沛，身体状况也好了许多。很多朋友见到我都说："振源，最近你的气色越来越好了。"

第二个收获是影响了我的儿子。他平时和我一样，也不喜欢运动。但我训练时，经常带上他，即使不跑，也让他骑着自行车跟着。我跑 6 千米，他就骑 6 千米。周末参加跑步活动，能带上他，我也尽量带他参加。言传身教，他也慢慢开始主动运动。

以上就是我的 3 个月完成半马之旅的经历，有目标，有老师，有方法，有监督，有环境，有反馈，希望能给你带来启发！

本课复盘及思考

复盘

这一课讲高效能,记住一个最重要的公式:效能 = 方向 × 效率 × 精力。

首先,认真地梳理自己的现状,明确未来的方向,设定清晰的目标,做正确的事情。

其次,管理好时间,善用好工具,用正确的方法做事。

最后,做好精力管理,关注体能、情绪,培养好习惯,让充沛的精力支持高效能人生。

法国作家阿尔贝·加缪说:"对未来最大的慷慨,就是把一切都献给现在。"全情投入地活在当下,就是高效能的活法。

思考

梳理自己的现状,明确方向,设定一个长期目标和一个短期目标,并写下行动计划。

第 2 部分
PART 2

与人链接

第4课 影响他人：打造个人品牌的方法论

全球最著名的管理学大师之一汤姆·彼得斯曾说：21世纪的工作生存法则，就是建立个人品牌。

知名企业家罗永浩做过很多产品，曾被称为"中国最好的产品经理之一"。但目前为止，他最成功的产品可能是"罗永浩"这一个人品牌。

第一次知道罗永浩时，我还在上大学。那时候他在新东方教英语，课堂内容风趣幽默，很受欢迎。学生将他的课堂内容录制下来传到网上，此后"老罗语录"迅速火遍全网。他2006年创办牛博网，3年后闭门歇业；2012年开始做锤子手机，备受追捧，却好景不长，最后负债累累；2018年年底公司破产，他走上还债之路；2020年，他在抖音开启直播首秀，"交个朋友"直播间几乎全年无休；2022年年初，罗永浩限制高消费信息清零，很快开启了下一轮创业。

回看罗永浩的经历，可以说生命不息，折腾不止。但他无论失败多少次，每一次重新出发，都能受到忠实粉丝的追捧，收获众人的期待。这就是他的个人品牌的影响力。早年在新东方讲课让他成为一代网红，让很多人知道了这个理想主义者。

后来一次次创业一次次失败，换作别人，可能早就被生活打败，但他越挫越勇，一次次重新出发。即使到后来背负 6 亿元的债务，他也做出令所有人惊讶的选择：努力还债。他所有的经历都在帮他打造个人品牌，讲述一个理想主义者的奋斗故事。

我们或多或少会遇到一些人，他们好像很忙碌，但周围的人却不知道他的名字，不知道他是干什么的，也不知道他有什么能力。这个人看似很努力想融入想被看见，但是他没有个人品牌，没法被感知到。

刚开始从事保险行业的时候，我希望拓展客户，主动参加很多活动。但是没什么效果，别人几乎感觉不到我，因为我没有特色，没有独特的价值，很容易就泯然众人。这对个人成长是很不利的。于是我决定做个人品牌，不做职场"小透明"。

在当下，才华重要，推销才华更重要。有的人在专业领域非常厉害，取得了很不错的成果，却没有打造个人品牌的意识，无法被看见。这是很遗憾的事情。不能光低头拉车，也要抬头看路。相信你身边一定也有这样的人，或者你自己也是。我们要有意识地建立自己的个人品牌，现在在专业领域内游刃有余，不代表未来也能如此，未来是一片汪洋大海，我们要放大自己的影响力，被更多人看见。

刘润曾说："一个人的财富基本盘有两个组成部分：第一，你自己的本事。第二，你和其他人链接的本事。而后者是前者的放大器。"个人品牌就是你和他人链接的最好工具。

4.1 什么是个人品牌?

品牌是指消费者对产品和产品系列的认知程度。品牌是人们对一个企业及其产品、售后服务、文化价值的一种评价和认知,是一种信任。

个人品牌是指,个人拥有的外在形象和内在涵养所传递的独特、鲜明、确定、易被感知的信息集合体。定义中既有内在修养,又有外在形象,这能反映出一个人给他人留下的印象。个人品牌能够展现足以引起群体消费认知或消费模式改变的力量,具有整体性、长期性、稳定性的特性。

亚马逊的创始人贝佐斯曾说:个人品牌就是当你离开这个房间,别人怎么评价你。口碑、声誉、声望,都需要不断去构建。

为什么很多品牌无法被人记住呢?原因有三个:一是信息爆炸,每天各种各样的新闻、公众号、短视频,充斥于各种渠道;二是注意力稀缺,每个人的心思是有限的;三是产能过剩,各行各业都是产能过剩的,绝大部分行业都是供大于求。这样的市场环境里,用户占据着非常主动的位置,他们掌握了未来所有一切传播的通道。营销的目的是抢占用户心智。

心智一词来自《定位》,书中提到,品牌的价值就是在抢占用户心智。用户的心智就像一个盒子,这个盒子的空间是有限的,不可能放很多东西,但是每个品牌都希望抢占一部分空间,你的品牌想要被感知、被识别,要形成差异化。

抢占用户心智的过程，就是品牌不断触达用户，而且让用户了解品牌，知道这个品牌和其他品牌是不一样的。这也是为什么可口可乐这些全球知名的品牌，还要继续做广告。营销的本质在于重复，它要通过持续传播，占领用户心智，不让其他品牌乘虚而入。

一个人能记住的产品是有限的，一般来说，同一个品类的产品，很多人只能记住两三个品牌。现在是供大于求的时代，产品非常丰富，各行各业都在内卷。用户面对这么多选择，只会记住那些最好的最突出的。个人品牌也是同样的道理。

如果你想做个人品牌，一定要回答几个问题：我是谁？我在做什么？我的独特价值是什么？我能给用户创造怎样的价值？我能给用户提供什么样的确定性？

对个人品牌来说，本来是什么并不重要，重要的是用户心里的印象是什么。商业里不存在所谓的事实，用户认知就是事实。最好的状态是表里如一，不需要伪装人设，用户感知的信息跟你的真实情况是一致的。所以你可以占领用户的心智，占领一个词语或者垄断一个词语。

还可以想一想身边的人，专业能力最强的人是谁？最会做PPT的是谁？最会用Excel的是谁？演讲最好的是谁？拍照最好的是谁？最爱运动的是谁？最喜欢组局的社牛是谁……

最先出现在你脑海中的那个人，就是你的首选，他抢占了你的心智，在你心中建立了个人品牌。因为在你的圈子里，他的某项能力比别人好，垄断了这个标签，但凡想到相关的事情，你第一时间想到的就是他。假设一个人擅长做 PPT，是公司里做得最好的那一个。但凡公司有个重要的 PPT 要做，董事长演讲、产品发布等，一定会选择他，因为他是最好的，稳定性最高的。我自己希望客户但凡想到"保险"两个字，就想到"振源"老师。

罗永浩的直播带货能力很强，这在很大程度上得益于他的个人品牌。有一群粉丝非常认可他，所以他可以不断调动用户情绪。他说："不赚钱，交个朋友。"很多人都愿意为他买单，愿意为他付费，愿意靠近他。

还可以用男生和女生的交往来做一个类比。

- 男生对女生说："我是最棒的，我保证让你幸福，我们在一起吧。"这是推销。
- 男生对女生说："我家庭有五套房，有车有存款，我们在一起，以后这些都是你的。"这是促销。
- 男生没有和女生表白，但女生在交往中被男生的气质、风度所吸引，两人走到一起。这叫营销。
- 男生和女生没有见过面，但身边所有人都对男生夸赞不已。这就是个人品牌。

打造个人品牌的第一要务就是在某个领域抢占用户心智，成为用户首选。建立个人品牌的过程大致可以分为三个阶段：认识、信任、偏爱（图 4-1）。

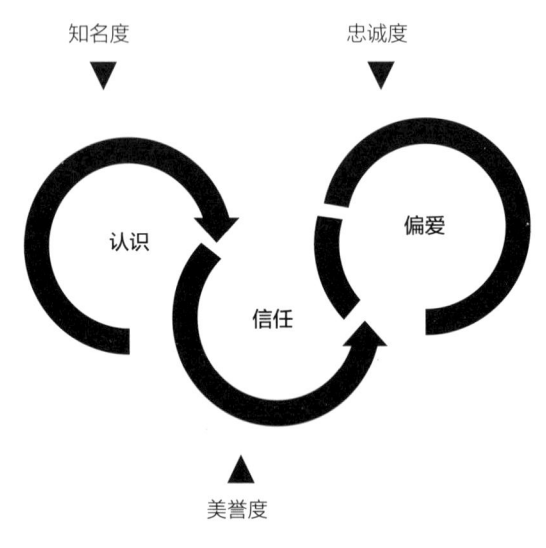

图 4-1　品牌三阶段

第一阶段，认识。首先要让更多人认识你、知道你，或者从各个途径可以找到你。这意味着你要坚持"出摊"，让大家都知道你在做什么，擅长什么，能够帮他解决什么问题。

第二阶段，信任。认识后，你与用户就产生了关系，接下来想要成交，要让他信任你，信任你的专业，信任你的个人品牌，愿意与你产生持续链接。

第三阶段，偏爱。这一阶段，你成为用户的首选，在你所从事的领域，一旦产生需求，马上会想到你，并且愿意推荐给身边的朋友。甚至你获得成绩和荣誉，他都与有荣焉。

做个人品牌要抓住"买我产品，传我美名"这两个最核心的目的。你的"无限责任公司"要发展，最终要落到产品和服务的销售上，只有这样才能活下去，才能持续进步。个人品牌的首要目的也是销售产品和服务，让客户"买我的产品"。在这个过程中，只要坚持给用户提供价值，坚持利他，做好产品和服务，他们觉得好，会主动宣传，也就是"传我美名"。

4.2　振源个人品牌三步法之一：我是谁？

打造个人品牌的过程中，我将自己的方法论总结为"振源个人品牌三步法"：我是谁，我的代表作，我的传播（图4-2）。

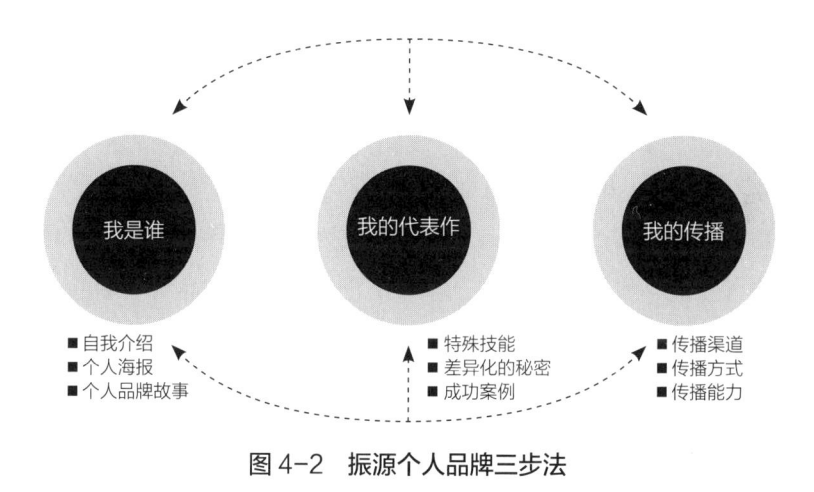

图4-2　振源个人品牌三步法

第一步：我是谁，包括自我介绍、个人海报、个人品牌故事。

第二步：我的代表作，包括特殊技能、差异化的秘密、成功案例。

第三步：我的传播，包括传播渠道、传播方式、传播能力。

"我是谁"有三件套：自我介绍、个人海报、个人品牌故事。要完成这三件套，首先要做好定位。一个好定位，能让品牌在用户心中占据一个独一无二的地位。

很多人会问：爱好能不能当事业？我喜欢的事情很多，怎么选？擅长的事情不喜欢，喜欢的事情不擅长，怎么办？喜欢的事情也很擅长，但是不赚钱，该不该坚持？我觉得自己很普通，没有亮点，怎么做？

抛开他人的评价，回到自身思考：在哪一赛道上，以什么样的方式，满足哪些人的需求？你的战略选择是赛道，你的商业模式中包括了服务方式，再用你的能力匹配用户需求。如果你能清晰地回答这个问题，说明你已经想得非常清楚。如果你还无法回答，就试着找出不确定之处，深入思考。

选择赛道，要考虑自己是否能成为行业领导者。用户会自动自发地寻找最好的品牌。在一个行业里，头部品牌吸引的注意力大概占40%，第二名约占20%，第三名占7%~10%，其他所有人共分其余部分。成为头部品牌会带来更多关注和个人品牌影响力，这些都会提高能力的溢价，带来更高收益。

我们都知道第一个登月的人是阿姆斯特朗，那你知道第二个登月的人是谁吗？他叫奥尔德林，登上月球的时间比阿姆斯特朗晚了2分钟。阿姆斯特朗迈出了"人类历史的一大步"，他的照片出现在全世界历史书中。在这张照片里，紧随出舱的奥尔德林，只是阿姆斯特朗太空帽前侧玻璃上映出的一个小小的影子。

尽管第二、第三也很厉害，但头部效应会将他们的光芒掩盖。尽自己所能，成为领域内的头部。现在没有影响力，不是头部，也没关系，从小范围里的第一，再到大范围里的第一：小组第一、部门第一、公司第一、行业第一……终有一天，你会变成某个市场中最有竞争力的人。这个过程一定非常艰难，但是大部分高手，都是从一个小小的触点开始做起，先在小范围做到第一，再一步步实现更大市场的覆盖。

如果你的定位只能浓缩成一个关键词，你会写什么？浓缩后提炼出来的关键词，就是你的定位，就是你告诉对方"我是谁"。

做个人定位，有三个步骤：找方向，定标签，做诠释。

1. 找方向

个人定位规划方向，要找到自己的优势，发现哪些方向是可以尝试的。一般来说，个人定位方向，可以分为三大类：资源型、链接型、专家型。

- 资源型的人，在自己的圈子里掌握着核心资源，比如医疗资源、教育资源、媒体资源、特殊资源等。
- 链接型的人，掌握了关键的节点，比如行业协会、社群领袖、企业联盟等。
- 专家型的人，在某个专业领域实力强劲，比如税务专家、理财规划师、营养师等。

资源天然有垄断机制，真正拥有资源的人优势突出。但资源是稀缺的，资源型的人比较少。链接型的人同样比较少，因为他们需要非常好的社会资源和人脉支撑。大部分人更适合成为专家型的人。

明确自己的定位后，接下来要做的就是对照定位参照系，把你想做的事情罗列出来。定位参照系分为三个部分：个人价值、客户价值、社会价值。

- 个人价值，基于爱好、能力、现实，分别思考什么是想要的、擅长的和应该做的，哪些是能让你获得价值感、幸福感的事情。
- 客户价值，要找出客户想要的、痛点和可能的需求。能帮助客户解决问题，就能获得收入。
- 社会价值，是找出社会需要的、鼓励的、供不应求的事情。符合社会需求的事情，发展是可持续的。

你所列出的事项中，满足个人价值、客户价值、社会价值这三个价值的交集处，就是你的定位领域。

2. 定标签

有了方向，找到定位后，为自己打造可识别的专业标签。这个标签最好清晰、明确、有辨识度。

诸葛亮、宋江、唐僧，提到这三个名字，你会想到什么标签？

诸葛亮有很多标签：三国蜀国丞相、政治家、军事家、发明家、文学家……其中最突出的个人品牌标签便是忠臣名相，无论是三顾茅庐、草庐对策、赤壁斗智、定鼎荆益、刘备托孤、七擒孟获、六出祁山……诸葛亮的一生都诠释了这一标签。其实在出山之前，他就已经朝着这个方向打造自己的个人品牌。

诸葛亮出身名门望族，父母早逝，跟随叔父在荆州刘表治下，过着半耕半读的隐士生活。但他"自比于管仲乐毅"，在躬耕之余，不仅勤学苦读，还四处游学、遍访名师，为施展才华做准备。在师友的帮助下，诸葛亮的才学和名声一直在步步攀升。后来在好友徐庶的推荐下，才有了刘备的三顾茅庐。

再来说宋江，你想起的是不是他的外号"及时雨"？每次陷入危机，宋江仰天长啸一声"我宋江今日休矣"，便有人问："莫非你就是山东及时雨宋江？"接着一群人冲出来救下他，很多人甚至从未见过他。

小时候看《水浒传》，我很不喜欢宋江，认为是他接受招安，导致了梁山好汉或战死沙场，或病故，或被害。长大后再读水浒，才感受到他的厉害。农户出身的押司小吏，挥金如土，急公好义，被人称为"山东及时雨"，和"小旋风"柴进齐名；人格魅力超群，与人相处时既豁达又体贴，众多梁山好汉对他"一见倾心"，誓死追随；他的领导才能和军事才能也非常出众。这些行事特点帮他建立了"及时雨"这一个人品牌，遇到危险便有人愿意伸出援手。

唐僧有一句最经典的开场白"贫僧从东土大唐而来，要去往西天拜佛求经"。这是在强势导入个人品牌形象：我是僧人，从东土大唐而来，要去西天，要完成一项伟大的事业：求取西经，普度众生。但他也有一个不太好的标签"唐僧肉"——吃了唐僧肉，可以长生不老。因为这个标签，一路上各路妖魔鬼怪都来拦路劫人，让唐僧的取经之路多了很多磨难。

三个经典人物以自己的独特标签，为人所熟知。

标签，是让别人记住你的关键词，是他人了解你的最小入口。有的标签是你主动给自己贴上的，你希望在他人心中塑造标签的形象。有的标签是他人贴在你身上的，是他们对你的评价。

主动地塑造自己的个人品牌标签，第一步要定义清楚"我是谁"，用一个主标签，一句话写清楚你是谁，让用户一看到这个关键词，就想到你。

标签大致可以分为三类：企业标签、业务标签、能力标签。

- 企业标签。如阿里巴巴、腾讯、网易等。
- 业务标签。如IP训练营创始人、天使投资人、明星摄影师、私房课主理人等。
- 能力标签。如医生、演讲教练、社群运营专家等。

三者可以结合使用，有企业背书、有业务、有作品，还有个人身份，结合起来就是一个非常好的标签。

写标签，通常可以使用"定语+称谓名词"的组合，如百人保险团队负责人、百万营收社群运营专家、世界500强工作经验的人力资源总监……结合自己的身份、职业、岗位、经历、成绩，选择合适的定语来进行表达，最好能和他人形成差异，或令人印象深刻。

如果能创造一个独特的标签是最好的，这是"人无我有"的优势特点。不断去找切入点，从不同角度切入，找到可识别且可长期传播的标签。如"拥有11年'四大'经验的金牌寿险规划师""最会玩的保险大神，要么在玩，要么在去玩的路上"，这两个都是令人印象深刻的独特标签。

我们可以主动给自己提炼标签，找到合适的标签。一时间没有很好的想法，也可以找身边的人帮你贴标签。被动贴标签的具体操作方法，就是发个朋友圈，简要说明个人情况，看他人能否给自己一些启发。

标签越清晰，围绕标签开展工作会越便利。过去大家对我的称呼有很多：振源、于老师、于经理等。现在我给自己贴上"振源老师"的标签，大家就都叫我"振源老师"。统一的标签，让大家能清晰地识别并主动传播。而我自己所有一切都可以围绕这一核心标签，投入资源。

大部分人都有多重身份和多种能力，都想作为标签传递给用户，但自身的资源往往又是有限的。把有限的资源拆分投入到各个标签上，资源分散不说，用户也无法记住。他们抓不住重点，无法注意到你和他人的差别，你的标签再多，也不能用户心智中占有一席之地。可以多列一些标签，但一定要选择最重要的、最特别的那一个。

现在我常用的标签有三个：

一是三元保险团队创始人。这是我最重要的标签，我的现金流也基于此，现阶段的创业和发展都是基于此。

二是保险业个人品牌导师。我想做保险业个人品牌服务的专业人士，并且为此做了很多努力，做自己的公众号、视频号、直播等，也取得了一定的成果。

三是"振源私房课"主理人。私房课是我很重要的线上课程，服务上千名学员，获得很多学员的认可，也在不断迭代中。

个人品牌标签的选择，我建议一定要有一个离钱更近的标签。因为这是你安身立命的根本，要以此保证自己的生活。其他标签可以选择正在发展并取得一定成果的。标签确定后一段时间内不能变，在此基础上深耕。每个人都会发展，标签也要随自身发展不断优化升级。

3. 做诠释

标签确定之后，要好好思考如何诠释它，为后续的传播做准备。诠释标签有四种形式：自我介绍，个人海报，个人品牌故事，成长故事短视频。

自我介绍，主要用于诠释标签；个人海报，传播展示自身价值；个人品牌故事，写出自身特点，让对方深度了解；成长故事短视频，以视频形式立体展现自身成长过程。

自我介绍可以采用 MTV 模型（图 4-3）。

第 2 部分　与人链接

```
    M              T              V
   Me            Task           Value
  我是谁?       我的成就         我的价值
  建立链接       我的能力         提供利益
```

图 4-3　MTV 模型

M（me），介绍自己的特征，如我是谁，我的名字、所在地、性格、外貌等独一无二的点，目的是让对方一眼记住，建立链接。

T（task），介绍自己的能力，如我能做什么，有什么资源、作品等，展示个人成就。

V（value），介绍自己的价值，如我的特征和能力及其能为对方提供什么价值。

以我自己为例，我的自我介绍是：我是于振源，振源保险团队创始人，是一位保险服务专家、国家二级理财规划师，连续 108 周每周签约 3 件保单，连续 9 年达到 MDRT 保险业百万圆桌会员标准，受邀成为世界华人保险大会和世界保险互联网大会讲师。我也是一位保险业个人品牌导师，建立学习社群，推出多个个人成长课程，个人公众号更新 100 多篇原创文章，视频号累计更新 400 多条视频，完成个人 IP 从 0 到 1 的建立，

099

希望帮助保险同行成为"客户的首选"。我还是"振源私房课"主理人，从2019年开始推出多个线上训练营，每年带领1000多名学员一起成长。我希望自己能帮助更多人真正从知道到做到，最终取得成果，实现个人价值提升。我能提供的服务包括家庭保险规划、个人成长课程、成长咨询等，欢迎与我交流。

不同场景，自我介绍的需求不一样。先写一份完整版，再根据不同的场景不同的需求进行修改，需要时随时可以使用。

按照MTV模型写完自我介绍后，更进一步，设计个人海报并撰写个人品牌故事。

个人海报是一个更具体的展示，海报上有个人标签、业务方向、联系方式，还有个人形象，能够在用户脑海中建立良好的第一印象，了解你的基本信息。一张有吸引力的海报，能够瞬间抓住用户的眼球。每次取得成果后，都要及时更新个人海报。

个人品牌故事就是具有个人独特属性和商业价值的故事，介绍个人信息，阐述个人成长经历、使命愿景等。它能向更多人呈现真实而全面的你，让他们认识你、了解你、记住你，愿意主动和你链接，制造情感链接。

故事，是塑造个人品牌强有力的武器。 这几年，我每年都会写1~2篇个人品牌故事，有时是年度总结，梳理一年的努力和成果，有时是个人成长故事，让更多人认识我。这也是一个积累的过程，看见自己做过的事，成长路上积累的点点滴滴，放大个人品牌的影响力。

成长故事短视频，是在短视频兴起后出现的新形式，最大的优势在于文字和图像能立体呈现个人成长。视频制作可以选取个人品牌故事中的重要节点，写出故事型文案，再配上成长中的照片。故事，无论是文字还是视频形式，都能让你吸引到同频的人。

所有个人品牌，都是一举一动、一言一行积累起来的。相信自己，往前多迈出一步，真正落地实践，才能打造个人品牌。

最后补充三个关于个人定位的建议。一是先有定位，再有运营。没有定位，着急忙慌地开始运营，目标不清晰，无法聚焦，会导致资源和精力的浪费。二是定位可以不断升级。企业要发展，个人也在成长，品牌定位不可能一成不变，不要期待一个定位终身使用。每过一段时间，都要重新审视品牌定位，并确定下一步运营策略。三是打造独特的标签。

4.3 振源个人品牌三步法之二：我的代表作

你知道自己是谁，知道自己做过什么有什么成绩。但用户不知道，所以要向他展示你的代表作，让他知道你擅长的领域，并以此作为自己的背书。**再厉害的方法论，都不如一个成功案例为自己"作证"。**

这些年，很多人学习曾国藩，为什么呢？除了他自身的成就之外，还有很多成果来证明他确实很厉害。

曾国藩是最早"开眼看世界"的人之一，主张学习西方先进科技，在安庆设内军械所。他创立晚清古文的"湘乡派"，是湖湘文化的重要代表，《家书》《家训》等作品现在也备受推崇。

他真正实践着"修身、齐家、治国、平天下"的"内圣外王"之路，修己达人，经世致用，武能治军，文能安国，被称为清代"中兴第一名臣"，更被誉为"立德立言立功三不朽，为师为将为相一完人"。

也许你会说：我不是曾国藩，也没做出过什么成绩，没有案例可以证明自己。我们不看他人，只看自己，过去没有，从现在开始也可以。

以我自己为例，在自我介绍中，就有我的过去所取得成绩。

"三元保险团队创始人"这一标签，说明我是一个保险团队负责人，看到的人自然会想问：你在保险行业取得了什么成绩呢？我介绍中就写到：连续108星期每星期签约3件保单，连续10年达成全球百万圆桌MDRT会员，业内极少人能获得这样的成绩。我还曾参加2017年第二届世界保险互联网大会并做主题发言，参加2021年杭州世界华人保险大会并作为分享代表。

"保险业个人品牌导师"这一标签的打造上，首先是开设"振源老师品牌训练营"，针对保险从业者，帮助他们成为"客户的首选"。同时我自己也在不断实践，通过课程、短视频、直播、企业讲课分享、线下课等方式，打造自己的个人品牌，并积累实践经验。到2024年年底，我已经发布了1000多条短视频，直播200多场，还荣获过浙江工信部主办的"新视界　创未来"

首届视频号峰会的金蝶奖"创客新星"。

"振源私房课"主理人则指向我的重要课程"振源私房课",这一课累计带领 1000 多名学员一起成长,至今为止可以说零差评。并且积极组织线上活动,组建线下俱乐部,每月举办活动,影响更多人一起成长。

标签和代表作是相辅相成的,两者必须匹配,体现你的专业和价值。

你可能觉得自己现在还没有代表作,也不用着急,这需要一个过程。从现在开始做,一点点积累,都来得及。我的代表作也是一步步积累起来的。刚刚加入保险行业时,我也是纯粹的新人,努力达成每周三单业绩目标之外,还要不断补充专业知识。

有一次,很幸运地遇到演讲分享的机会,那时候非常没有底气,也害怕自己做不好,但又想试一试,于是硬着头皮上。凭努力抓住这些机会,对自己更有自信,继续主动争取机会,认识新的朋友,接触大咖,慢慢打开局面。后来跨界做个人品牌,做短视频和直播,也是用这样的方式,先开始做再不断迭代,在过程中打磨自己,创作作品。

要成为专家,拥有自己的代表作,可以从三个方面入手:精进学习、内容矩阵、荣誉背书。什么是专家?专家就是在一个相对细分领域内,把该犯的错误都犯了一遍。什么是专业?就是你能让客户在他自己知识盲区中,感到安心。如果你对自己所从事的行业心怀敬畏,专业是必需的。

精进学习，可以做三件事，学习专业课程，大量阅读，跟随好老师学习。如果你还不是专业领域内的顶级高手，就要持续关注专业领域的培训和课程，跟随更厉害的专业人士学习。大部分的问题，包括专业领域内的，书中都有答案，但很多人不读书。在细分领域内迅速成为专家，最快的方式就是读20本专业书，读通读透读明白，把知识点关联起来，变成矩阵。在任何细分领域，一定有人已经是高手，你以为的不可能，在他人那里早有答案。

做个人品牌时，我看了很多书，买了很多课，向很多老师请教学习。专业的事情，永远没有止境，时代在进步，行业在更新，我们只能不断更新自己，在特定环境内，不断学习成长。以前我也不喜欢求助，一直是自己埋头钻研。现在我发现，在自己能力范围内，花钱学知识都是值得的。如果你觉得他值得，就向他付费。你能从他身上学到的，不仅有知识，更有成为高手的方法。

阅读、上课、认证、培训、讲座、专业实践，都是我尝试的学习方法。每一次学习新知识，定目标，认真学习，分享强化，落地实践，不断循环，形成学习闭环。教是最好的学，要教会他人，自己一定要懂，要非常懂。你有一桶水，才能给别人一杯水。

从学习到转化，从专业到品牌，要把自己变成"一道菜"，把学习和成长变成可评价的服务，逐步积累自己的品牌和信用积分。你自己就是产品，就要让自己站上舞台，不断触达他人，为他人提供服务，也接受他人的点评，迭代优化，树立个人品牌。

精进学习之后，要输出代表作，有规划地组建自己的内容矩阵，向他人展示自己，让他人看到自己的代表作。

每一个行业的红利，都将向擅长表达者倾斜。内容输出的基础能力是写作和演讲。这两项能力只需要出一份力，就能大规模地复制影响力。

内容输出的渠道有很多，你可以选择合适的渠道建立自己的内容矩阵（表4-1）。

表4-1 内容矩阵

输出内容	渠道	难度
观点	朋友圈、微博、小红书等	☆☆
文章	公众号、简书、今日头条、知乎等	☆☆☆
演讲	线下讲座、直播等	☆☆☆
视频	抖音、快手、微信视频号、小红书等	☆☆☆
课程	小鹅通、千聊、荔枝微课等	☆☆☆☆
出版物	图书、杂志等	☆☆☆☆☆

打造自己的作品，至少要有一个有价值的超级代表作。这个超级代表作，意味着他人向外介绍你。他不需要解释很多，只要将这个超级代表作分享给其他人，就可以实现低成本的介绍。这会让你的传播成本大大降低。

有了内容矩阵，还要有荣誉背书。带着结果上台，才真正有说服力。找到专业领域内的机会，如行业峰会、宣传活动、荣誉评选等都是很好的背书。不断给自己增加第三方证言，加强荣誉背书。

任何果实，都需要通过努力耕耘才能获得。定下自己想要的目标，朝着目标进发，不断打磨自己，你将获得自己想要的生活。

人生不是规划出来的，而是进化出来的。 每个人都在不断进化，没有人可以完全复制他人走过的路，只能参考他人的方法，迁移到自己所走的路上。选择一条你想走的路，在路上遇到问题就寻找解决方案，你终会走出属于自己的一条路。这条只属于你的独一无二的路，才是你应该全力以赴去追求的。

在这条路上，多打造自己的作品，成功的案例、获得的荣誉、发表的文字……任何作品都可以，这是你前行的成绩单，能帮你走得更远。这个时代最缺的是知行合一，行到极处便是知。

4.4 振源个人品牌三步法之三：我的传播

在当下，酒香也怕巷子深，创造出成果，也要带着成果站上你的舞台，站在聚光灯下让更多人看见，扩大你的影响力。

传播，是很多人欠缺的一课。我们习惯了埋头做事，不习惯宣传自己。才华重要，推销才华也很重要。你很厉害，也要给世界了解你的机会。如果你把自己和世界的沟通通道关闭了，即使外面有很好的机会，也没有人知道如何把机会给你。

传播的方式有很多，总结起来有三个核心能力：舌尖能力、指尖能力、笔尖能力。

- 舌尖能力是指沟通、演讲、授课等以口头表达为主的技能。
- 指尖能力是以朋友圈、微博、自媒体等渠道宣传的能力。
- 笔尖能力则是指写作、编辑等文字表达能力。

你每做一件事都是在不断加强认知，往前迈一步。舌尖、指尖、笔尖，多维度不断提升自己。

去哪传播呢？传播渠道选择的核心逻辑是人在哪里就去哪里。去有水的地方打井，去人多的地方宣传。

微信是个人品牌传播渠道之一。微信形成了整体生态系统，能够打通销售全流程，沉淀私域流量，形成长尾效应。

在微信平台进行传播，主要是四个渠道：朋友圈、公众号、微信群和视频号。

1. 朋友圈

如果你想做个人品牌，打造自己的朋友圈，可以从五个方面来塑造：昵称、头像、背景图、个性签名、内容。

昵称是微信朋友圈最直接的传播载体。因为昵称往往是给对方的第一印象，所以一个得体又能让人印象深刻的昵称非常重要。而且昵称可以作为个人品牌名称来经营，在多个场景下重复，让更多人认知并记住。还可以将昵称和公司、业务、产品等结合起来，让对方更信任你。

头像是朋友圈最引人注目的"广告位",很多人看到头像的第一眼,就会在心中写下标签,方便自己记忆。所以我们要好好利用这一"广告位"。一般来说,头像都建议使用真实且与专业风格相匹配的图片,最好清晰度和识别度较高。用优秀的视觉传达,给对方留下较好的第一印象。

背景图是微信朋友圈零成本的"置顶广告位",能够更充分地展示你的个性、特点、产品和服务。打造个人品牌的时候,这个背景图可以选择与你所打造的形象相关的图片,如专业内容、高光时刻等,向对方传递更多信息。

个性签名是展现能力和价值的位置。好的个性签名是一个好的自我介绍,展示自己的风格特点,让自己从同行中脱颖而出。做好个人品牌,个性签名可以写你所取得的成果,能提供的价值,相当于一个自我介绍,展示自己的专业性。

朋友圈动态的内容是打造朋友圈的关键。用户只有相信你,才会购买你的产品。好的朋友圈,人设形象鲜明生动,看到的人会被迅速圈粉,进而产生信任。

首先结合自身个人品牌的定位,对朋友圈内容进行定位和规划,发布符合自身专业的内容。形式上有很多种选择,图片、视频、文字、链接等,可以根据发布的内容选择合适的形式。发布频率则根据自己的情况进行规划,最好能够每天发 3~5 条。如果过去没有发朋友圈的习惯,可以从每天发 1 条开始,逐渐增加。

曾经有人和我说,不知道朋友圈该发什么内容。朋友圈内容素材的积累要把功夫下在日常，从多个角度积累素材，内容方向包括生活趣事和感悟、有价值的干货内容和广告类内容。如果想要表现自身专业度，有价值的干货内容可以聚焦于专业角度进行分享，广告类内容可以结合业务的咨询、成交、反馈进行发布。把朋友圈作为一个项目，像项目经理一样，用心落地，每一条信息、每一张图片、每一个文字都代表了你的个人品牌。

2. 公众号

公众号，可以理解为个人品牌官网。公众号的口号是：再小的个体也有品牌。尽管现在微信公众号的打开率有所降低，但它依然是个人品牌非常重要的传播阵地，优质的内容和服务可以被用户关注并产生链接。把自身相关的内容，包括产品和服务、个人品牌故事、成长感悟、联系方式等发布在公众号上，任何人在任何时候都可以了解你，和你链接。

3. 视频号

视频号，已经成为微信重推的又一"风口"。短视频和直播，也成为打造个人品牌的重要工具。2020年，我开始运营视频号，开始发布短视频，后来启动直播，它为我的个人品牌打造提供了很大的助力。我最大的感受是视频号的长尾效应，一年前发布的视频，一年后还会有人观看点赞，而且它打破了朋友圈的限制，有更大的传播范围，并且在不断扩散。

只要内容足够好，就可以被更多人看到。做视频号要两条腿走路，一是定期发布短视频，增加用户黏性，让更多人在你的视频号停留更长时间；二是定期直播，让更多人认识你，进而与你产生互动和链接。

视频形式，粉丝可以看到播出，快速对主播产生信任，主动链接。视频号做短视频或直播都能够放大个人价值，实现公域引流，个人品牌曝光。相对而言，直播的边际成本更高，互动性更强，实效性更短，短视频则相反。直播更考验主播的现场表现能力，短视频的关键则在于内容策划。直播的流量会集中爆发，因此用户的在线时长尤为重要，而短视频则有长尾效应，完播率是更关键的数据指标。

我推荐大家都去尝试着做一下直播和短视频，你所看到的，和主播实际做的非常不一样。做过才会有真实的感受，才能持续迭代优化。

一般来说做直播的基本流程包括：

第一步：确定主题。定下要做一场直播，主题是最先要确定的，也是向外宣传的重点。

第二步：流程安排。提前规划整体直播流程，保证直播全流程的顺畅性。还要准备直播的内容脚本，主题介绍、主播介绍、嘉宾介绍、互动信息等都要写在脚本里。

第三步：直播宣传引流。制作宣传物料，如海报、视频等，提前发布，引导用户预约直播。

第四步：直播执行。直播开始后按照流程安排、脚本等进行执行。在整个直播过程中，与粉丝实时互动，让粉丝感知到切身服务，诉求得到快速回应，建立信任。其间还可以安排抽奖互动等活动。

第五步：复盘总结。直播结束后，对整体进行复盘，包括主播的表现、流程安排、现场布置等各个环节，哪些地方做得好，哪些地方做得不好，下一次如何优化。

总结一下，直播的核心能力有三个：语言的表现力，情绪的感染力，持续输出干货的能力。

4. 社群

社群分为两种情况：打入社群，自建社群。打入社群，即加入他人的社群。真正打入他人社群，只要做好五件事：做介绍、发红包、改昵称、会聊天、多维链接。

- 做介绍。一个好的自我介绍，自带传播属性，根据不同社群属性和特色，选择不同的自我介绍，让社群中的其他人快速了解你的特点和价值。
- 发红包。在社群中发红包是一个非常好的互动玩法。选择合适的时机发红包，比如激活氛围、表达认可、表达奖励、欢迎新人、表达感谢等。
- 改昵称。昵称，是你的流量入口。一个精准、有效、好记的群昵称，能让对方在一两秒内做出是否链接的判断。所以在不同的社群里用不同昵称，便于他人主动和你链接。

- 会聊天。在社群里，积极主动分享有价值的内容，提供解决方案，展示自身特有的技能。
- 多维链接。和社群中的人多维度链接，加好友、朋友圈点赞、私聊、约见面、合作等，相互链接起来，才能培养信任。

自建社群，比较个性化，可以根据你的想法来进行运营，关键是创造价值、做好服务。

5. 线下传播

线上重要，线下更重要，线上做影响力，线下做成交。积极主动地参加各种形式的活动，抓住每一次和人链接的机会，传递自己的个人品牌信息。

线下开拓有三板斧，活动、社群和宣讲。这些都可以与线上进行联动，从线上到线下，也可以从线下到线上，灵活运营。

个人品牌的打造，不是备选项，而是必选项，不是顺便为之，要放在战略高度！

种一棵树，最好的开始时间是10年前，其次是现在。做个人品牌，最好的开始时间就是现在。

本课复盘及思考

复盘

个人品牌是我们长期持续呈现给他人的形象。要放大自身的影响力，做更多有价值的事情，个人品牌的打造，势在必行。

我将自己打造个人品牌的实践收获总结为"振源个人品牌打造三步法"。这三步分别是：我是谁、我的代表作、我的传播。

三步走，不是完成一次就可以。我们在不断成长，个人品牌也会迭代优化。厘清自己的定位，创造自己的代表作，然后传播出去，接着升级自身的定位，迭代代表作，持续传播。无论你在哪个阶段，都可以按照三步法，一步步推进。

打造个人品牌最核心的是传递你的价值观，你自己就是行走的广告牌，把自己最真实的状态呈现出来，吸引和你同频的人。

思考

1. 梳理自己的定位和标签，按照 MTV 模型写一份自我介绍。如果可以，写一个自己的个人品牌故事。
2. 你的代表作是什么？你计划如何打造自己的代表作？
3. 做一份个人品牌微信朋友圈发布规划。

第5课 高效沟通：走心沟通的底层心法

古今中外，沟通伴随着人类历史发展。尤瓦尔·赫拉利在《人类简史》中提出了一个观点，大意是：智人之所以战胜其他更强大的人种，在很大程度上就是因为他们会"八卦"，也就是沟通。

生活中沟通无处不在。很多人觉得："不就是沟通吗？谁不会呀？"也有更多人吃了不会沟通的亏，有时候明明很有能力，却因为沟通不畅、表达不清，而引发他人的误解，丢掉很多机会，并造成人际摩擦。

如果你认为自己不擅长沟通，相信我，你一定不孤单，很多人和我说过自己不善于表达。有调查显示，52%的被调查者认为职场中最需要加强的技能是沟通能力。

很多时候，我们抱怨下属或同事工作不力，问题往往不是出在能力上，而是出在沟通上。研究表明：我们工作中70%的错误是由不善于沟通所造成的。

这个时代，没有人可以把自己变成一座孤岛，只依靠自己，完全不借助他人的力量。每个人都必须和他人链接，与他人合作。优秀的企业管理者也非常强调沟通，杰克·韦尔奇说："管理就是沟通、沟通、再沟通。"松下幸之助说:"企业管理,过去是沟通,现在是沟通,将来还是沟通。"随着社会分工越来越细致,沟通将变得越来越重要。所以,沟通是每个人的刚需技能。

沟通不难,学会好好沟通很重要。如果你想掌握沟通这一项生活基本技能,主动出击,主动改变,主动尝试,一定会有所收获。

沟通这一课,有三个部分:沟通的底层逻辑、技法和模型。

这里所说的沟通,主要是一对一沟通,有一定的目的,不是纯粹的闲聊,并且聚焦于常见的沟通关系,而非特权性质的沟通。

5.1 沟通的底层逻辑

1. 什么是沟通?

我们先来厘清沟通的定义。沟通是为了实现具体目标而进行的对话。《不列颠百科全书》中的定义是:沟通是互相交换信息的行为。《哥伦比亚百科全书》中的定义是:沟通是思想及信息的传递。在与他人沟通的过程中,我们不断地传递信息,传递思想。如何表达,非常重要。

很多人对沟通有一个误解,认为会沟通就是会说话,认为口才是最重要的。你心中的沟通高手是怎样的呢?外向、健谈、滔滔不绝、八面玲珑、出口成章、舌灿莲花？你身边有这样的人吗？你喜欢这样的人吗？

有时候，太擅长说话，反而会妨碍沟通。比如和亲密的人讲道理，讲赢一次战役，可能会输掉整个关系。我是学理工专业的，思维也是典型的理工男思维，特别喜欢讲道理，和人交流、讲道理、辩论，常常都能赢，最后却经常输掉朋友。也遇到过很多人和我一样，和家人讲道理，和好友辩论，自己哪哪都占着理，赢得了一次次沟通，关系却渐行渐远。在这种情况下，我们一定要反思：我是为了赢，还是为了赢得辩论？良性的互动关系是双赢，还能继续推进下去，自然更重要。记住这个目标，就知道该怎么做。

保险行业是高度依赖沟通的行业，业务都是在一次次和客户的沟通中拿回来的。在我们行业做得好的，不见得都是特别外向、健谈的人。为什么？因为滔滔不绝、说个不停的人，很可能给人留下一种印象：说的比做的好。而沟通的关键是建立信任。人和人之间的信任是最难建立的，获得对方的信任，将在沟通中占据重要的优势。所以，人们更愿意选择那些话不多，但开口说话就言之有物的人，因为他们往往能站在他人角度思考，洞察对方需求，并且让人感觉非常可靠。

真正的沟通高手，往往是那些话不多，但表达精准的人。他们会根据对方的需要，采用不同沟通方式，快速建立信任，达成共识。

沟通的本质是为了建立共识。而建立共识，首先要建立信任关系。为什么有的人做事可以一呼百应，大家都愿意支持他？因为他过往做了很多事，让大家都愿意相信他，有这样的信任基础，只要他目标明确，并且告诉身边的人，就能得到支持。

沟通的核心是关系，好的沟通会让双方的关系变得更好，不好的关系会让双方的关系变得更差。关系好了，双方开展积极正向的互动，建立合作。关系变差，双方都不开心，不愿意继续交流，合作也无从谈起。

如果你想成为领导者，沟通可以说是最重要的能力之一。因为你需要协调资源，让团队伙伴信息对称、步调一致地做事。在职场中，厉害的技术骨干想要晋升成为管理者，最大的瓶颈往往就是沟通，能不能把视角从关注事转换为关注人，从对一个小事负责到带领团队齐步走。

我在 2019 年开始做线上课程，当时心中没底，想着万一做砸了怎么办？真的会有人报名吗？后来好多个只见过一两次，平时联系也不多的人都报了我的课。聊起来他们说虽然和我只有几面之缘，但觉得我信得过，并且一直在朋友圈关注我，了解我在做什么，看到课程于是马上报名。我非常感谢他们的支持，也更重视和他人建立信任关系。

看过一种说法：我不问 + 你不说 = 误解；我问了 + 你不说 = 隔阂；我问了 + 你说了 = 尊重；我想问 + 你先说 = 默契；我不问 + 你说了 = 信任。与人相处，最重要的是真诚和坦诚，有话直说，说的人真诚，听的人悦纳，才能建立良性的互动关系。

我在带领保险团队的过程中对这一点感受很深。当我和团队沟通没有那么顺畅的时候，会反思：自己问了吗？说了吗？很多时候一个不问，一个不说，这样就会产生误解，沟通也无法顺利进行。

你最信任的是谁呢？谁和你说话，你都会相信吗？通常，我们最信任的人往往是身边最熟悉的人，如爱人、父母、子女、好友，因为双方有非常坚实的信任基础。成功的沟通，建立在和他人形成信任关系的基础上。

2. 沟通的基本原理

沟通是相互的、循环的。一次沟通中，一般有两个沟通主体，两者既是信息的发送者，也是对方信息的接收者。当沟通主体 A 想把自己的想法表达给沟通主体 B 的时候，首先会在脑海里产生原始信息，并进行编码，形成编码信息，通过沟通渠道把信息传递出去。沟通主体 B 接收到沟通主体 A 的编码信息，要对信息进行解码，并结合之前的沟通信息和背景信息，确认自己是否了解对方的意思，接着进行反馈，把自己想表达的信息进行编码，发送给沟通主体 A（图 5-1）。信息经历发送-接收-反馈-接收这四个步骤，才会形成一次完整的沟通，并且沟通过程会重复很多次，传递很多信息。

在一来一往的沟通中，解码非常重要。如果两个沟通主体分别使用不同语言，无法解码对方发出的信息，也就没办法沟通。在这种情况下，通常的解决办法是找一个翻译，通过翻译

图 5-1 沟通简易模型

进行编码、解码。

以职场沟通为例。职场沟通有四个方向：向上沟通、向下沟通、平行沟通和斜向沟通。每一个方向面对的是不同的关系，在向上沟通中，我们面对的是领导，需要下情上达，将自己的工作或情况汇报给领导；在向下沟通中，我们面对的是下属，需要上情下达，把目标政策、制度规则等传达给下属；在平行沟通中，我们面对的是同级部门的同事，主要是交换意见、加强合作；在斜向沟通中，我们面对的是不同部门或组织层级的领导或员工，这种沟通通常具有协商性和主动性。

四个不同的方向，面对四个不同的群体，每个方向都要选择合适的沟通方式。我觉得有一句话总结得很好：对上有胆，对下有心，平行有肺，斜向有胃。向上沟通做足功课，准备多项方案，有勇气、有胆量向领导汇报；向下沟通，要站在对方的位置，认真倾听，尊重且真诚地沟通；平行沟通，平时多做功课，多分享，多联系；斜向沟通，有事多沟通，无事多往来，偶尔聚个餐以联络感情。定义好自己，针对不同的人，使用不同的沟通方式、不同的途径和方法。

3. 振源老师高效沟通模型

图 5-2 所展示的就是振源老师高效沟通模型。

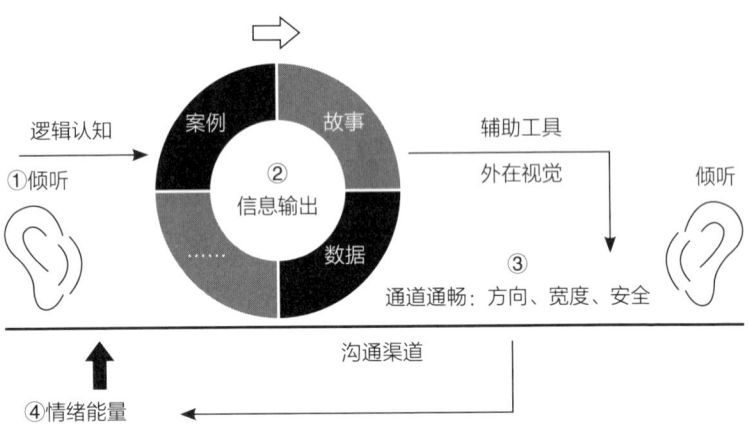

图 5-2　振源老师高效沟通模型

沟通是一场无限游戏，就像传球一样，一个人把球踢过去，对方又把球踢回来，沟通才能继续下去。两个人沟通，需要一个沟通渠道，既可以是线上的，如电话、视频会议，又可以是线下的，如面对面交谈。双方要进入同一场景中，或者说调到同一频道中，才能对话。

信息，是沟通双方要传递的那个"球"。这个"球"来自信息发送者，他把想发送的信息用逻辑认知进行编码强化，让它成为故事、案例、数据……发送出去。其间还可能借用各种载体，沟通辅助工具或视觉元素，使"球"能更快速、更高效地传递给信息接收者。

整个沟通过程包含四大要素：倾听、输出、渠道、情绪。

沟通四大要素之一：倾听。

沟通是为了达成共识，解决问题。解决问题的关键是听懂对方传递的沟通内容。听懂沟通内容的前提是有效倾听。**沟通的起点是倾听。**

每个人都会说，但不是每个人都会听。有一句谚语：**我们用三年学会说话，却可能要用一辈子才能学会倾听**。原因就在于我们喜欢站在自己的位置上，表达自己的观点，不管对方说什么，习惯否定，习惯反驳，习惯"扭曲"成自己的所思所想。但往往事与愿违，因为以自我为中心的表达，很难让双方建立信任。

听的繁体字"聽"，有耳朵、有眼睛、有心，代表着用耳朵去听，用眼睛去看，用心去感受。倾听不是简单地传递信息，而是传递尊重和信任（图5-3）。

图 5-3 听的繁体字

在这里，花上 10 秒，做个小小的试验：设置一个 10 秒倒计时，深呼吸，慢慢闭上眼，认真听，10、9、8、7、6、5、4、3、2、1。

刚刚过去的 10 秒，你听到了什么？树上的鸟叫声，风拂过的树叶的沙沙声，远处小朋友的欢笑声……每一天，每一刻，我们身边都充满了各种声音，但大脑会习惯性地屏蔽这些声音。在沟通中也是如此，当我们开始表达时，就会屏蔽他人的声音。

倾听，是一种非常重要的能力，或者说是一种习惯。如何培养呢？有两点非常关键——专注倾听、积极回应，并且需要不断训练。

专注倾听，把注意力放在对方身上，他才能感受到你的重视，放下戒备，表达自己真实的想法。专注倾听可以做四个具体动作：

（1）**选择合适的环境**。不同的环境会带给人不同的感受。沟通中选择合适的环境能让沟通事半功倍。熟悉的环境，会让人放松，所以做销售最好能亲自上门拜访，给客户一种被尊重的愉悦体验，他的态度会比较友好开放。小范围单独沟通，可以让对方选择第三方沟通环境，如咖啡馆、茶馆等适合沟通的场景。

（2）**暂时远离手机**。专注倾听，最好把手头的事情放下，专心听对方说的话。我们现在习惯随时看手机，即使没事也要打开看看。你看手机，对方一定也会看手机，沟通就会中断。因此最好把手机放到视线之外。

（3）注视对方眼睛。 沟通时，要时刻注意与对方进行眼神交流。注视对方的眼睛，时不时点头示意，对方感受到你在认真倾听，会增强他的沟通欲望，让他自然地敞开心扉。不过也不要一直盯着对方或长时间凝视对方，这会让对方有压力，甚至不快。

（4）用小本子记录。 倾听时做记录，关键不在于记录工具，而在于你传递出的态度。我曾和一位老大哥聊公司创始人如何打造个人品牌。他比我大 15 岁，资产上亿元。在沟通过程中，他一直在做笔记。这让我很有成就感，感受到自己被重视。

有效倾听的第二步是积极回应。沟通最大的忌讳是面无表情，一语不发。有时候无论表达者怎么说说什么，听者都没有反馈，表情漠然。积极回应，是一个人的基本素养。一个好的倾听者除了听，还会积极互动、对话、提问。

积极回应并不难，认可对方所说可以说："太对了！我也是这么想的。""你的话太有启发性了，我怎么没想到呢？"对方所说的和自己的认知不一样，也可以说："你提的这个点，很有价值，我再认真思考一下。"让对方感受到你的重视，而不是敷衍。

积极回应也不要随意回应，而是要抓住对方真正想表达的内容。正所谓听话听音，听到对方表达的事实，也要听到对方背后的情绪和期待。

- 事实，指的是对方陈述了怎样的事实。
- 情绪，指的是对方表达了什么样的情绪。

- 期待，指的是对方希望你做出什么行动。

假设你是一个客服，接到客户投诉：下单7天了，怎么还没到货？明天再不到，我就要退款了。其中的事实、情绪和期待分别是什么？

- 事实：客户下单7天，还没有收到货。
- 情绪：焦躁、不满。
- 期待：尽快到货，否则退款。

再来做个小测试，下面几句话是事实、情绪，还是期待？

（1）你怎么总是迟到？

（2）这星期7天，我有5天都是6点出门。

（3）怎么每次你都要拖团队后腿呢？

（4）我们部门这个季度一定要做公司第一名。

这个测试很容易，（2）是事实，（1）和（3）是情绪，（4）是期待。我们会发现负面情绪的表达里会带有一些攻击性的词语：总是、一直、永远、每次、经常、就知道……这样的表达，很容易让对方产生戒心，说多了可能导致对方产生对抗心理。一旦出现这样的状况，沟通就很难继续下去，必须先解决情绪，才能解决问题。

积极回应，该怎么做呢？首先是反述，确认对方的需求，如"我理解你所说的是不是……"接着，肯定对方需求的合理性，如"感谢你的期待，我很受激励"。再阐述自己准备如何行动，行动不用太复杂，提出两三个最重要的行动告诉对方，最好立刻能做。最后设计一个开放性结尾，如"我是这样的计划,你有什么建议吗?再给我们一点行动指导"。

以我亲身经历的两件事作为案例。

几年前,我在网上买了一本书,准备送给客户。原本计划周一下单周末到,我可以带给客户。结果一直没到,我有些生气,向客服投诉。客服查询后回复说:"不好意思,我查了一下,这个订单的确是我们遗漏了。这本书,您是自己看,还是送给朋友呢?"我回答:"原本要送给客户。"客服说:"为了节省时间,可否把您客户的地址发给我,我们直接寄给您的客户。而且我们赠送一张30元购书券给您,可以直接抵扣消费金额。最后,我代表工作人员向您表示歉意。"客服的回应方式安抚了我的情绪,其解决和补偿方案都让我感到他在认真处理问题,并且为我考虑。

还有一次,我在某直播间购买了一箱皮皮虾,商家承诺产品会在清明节前送达。但我一直没有收到,于是问客服,客服说他们最近太忙了,让我再等一等。我说直播间承诺节前必到。他说:"实在抱歉。"我说那就退货吧。过程中客服回复很慢,我说出退货之后,也再没收到回复。

不同的回应会给接收者带来截然不同的感受。

沟通四大要素之二:输出。

高手能够把一个非常复杂的信息,通过自身的逻辑认知编码后,讲得非常浅显易懂。举个例子,有一个老太太问爱因斯坦:"什么叫相对论?"爱因斯坦说:"如果您在家里等着女儿下班回家吃饭,会不会觉得20分钟是漫长的呢?"老太太说:

"哦！那真是太漫长了。"爱因斯坦接着说："同样20分钟，如果您和女儿聊天，会不会感到时间过得特别快？"老太太说："哦！那真是太快了。"接下来，爱因斯坦告诉老太太："您看，同样是20分钟，同样是您和女儿，两个不同的场景，让您感觉一个时间特别的长，一个时间特别的短，这就是相对论。"

真正的沟通高手都有非常强的输出能力，即信息编码和解码能力，基于自身认知和理解，把信息编码，让信息变得清晰简单，传递出去后对方能快速地理解信息。

高效输出，首先要牢记你的目标。

爱丽丝和猫有一段对话：

爱丽丝问猫："请问，离开这里，我该走哪条路？"

猫回答："这主要取决于你想去哪儿。"

爱丽丝说："我并不在乎去哪儿。"

猫打断她的话，回应道："那么走哪条路都无关紧要了。"

如果一艘船不知道目的地，那么任何方向吹过来的风都不会是顺风，所以目标很重要。沟通中，输出任何事情，没有指向性，这些事都是无效的，都会浪费时间。

沟通中，双方会形成一个权力结构。权利对等的双方进行的沟通是谈判。双方强弱对比悬殊时，强者对弱者发出的是命令，弱者对强者发出的是说服。谁强谁弱的决定权在第三方手中时，沟通便成了辩论。权力结构在很多时候决定了沟通方式。

不过，大多数时候，沟通双方是相对平等的，因此权力结构取决于谁掌握足够的信息。倾听，并用同理心解构和对方的关系，掌握足够多的信息，就能成为拥有优势资源的一方。

沟通中，常常出现的问题是讲不清楚。原因不是讲，而是想。没想清楚，也就讲不清楚。先梳理信息，把信息按照一定的框架逻辑排列组合，有条理地表述清楚，沟通中就会有力量感。

表达中最经典的框架就是金字塔原理。这一原理，来自芭芭拉·明托的《金字塔原理》一书。简单来说，金字塔原理是一种非常高效的表达方法，核心是自下而上思考，自上而下表达，横向归类分组，纵向归纳总结。具体包括四个基本原则，一是结论先行，用一句话表达出中心思想；二是以上统下，上有结论，下有理由，上下呼应；三是归类分组，把具有共同特点的事物进行分类。四是逻辑递进，按时间、结构、重要程度或演绎顺序进行排列。

运用金字塔原理，当你在思考的时候，要从下面往上爬，总结概括；当你在表达的时候，则要从上面往下滑，结论先行。想象一个游乐场的滑梯，一个小孩坐在滑梯的顶端，从滑梯上滑了下去，这个过程非常顺滑，让人感觉很舒服。当你学会金字塔原理之后，就能化繁为简，表达更轻松，对方也更容易理解和记忆，对你表达的内容更感兴趣。

沟通四大要素之三：渠道。

沟通渠道，就像一条道路，把两个沟通者链接起来。沟通要顺利进行，沟通渠道必须通畅。

首先，要方向清晰，也就是目标明确。

有明确的沟通目标，双方才知道围绕什么沟通，才不会跑偏变成闲聊。比如你想邀请老板参加团队的培训活动，可以说："老板，这个月我们团队一起完成了定下的目标，我准备给大家做个专题培训，目前邀请了这些人参加，为了鼓舞士气，想邀请您来指导一下。您看下周一或下周二，哪天方便呢？"带着清晰的目标和诉求，沟通会顺畅很多。

其次，要拓展沟通渠道的宽度。

让沟通双方能够畅行无阻。具体的做法是说"yes and"（是的，而且），先接纳，再应变。如果第一反应是反驳，很可能堵塞沟通渠道。面对他人传过来的"球"，往往有三种表现，一种是"no"，一种是"yes but"，还有一种是"yes and"。

别人说什么，都说"no"，直接拒绝接收信息，是一种封闭的状态。

别人说什么，都回复"yes but"，就是在说"你说得对，但是……"Yes 好像是在肯定对方，一个"but"就把"yes"和对方的话都否定了。"yes but"是非常有攻击性的一种表达。

正确的做法是说"yes and"。"yes and"来源于即兴喜剧，也是即兴喜剧中最重要的一条规则。它包含着两重意思：接受和添加。"Yes"是无条件接纳并肯定对方所说的，"and"是添加自己想说的，支持他人的想法。

当你说"yes"的时候，表达了一种开放接纳的态度，在这样的氛围下，提供你的信息，对方更容易接受，沟通也可以更顺畅地推进。

再次，沟通中要让人感到安全，有掌控感。

要做到这一点，只要记住三条基本原则：人们不喜欢被改变，没有人喜欢不知情，所有人都希望有退路、有选择。

原则一：人们不喜欢被改变。

在和他人沟通的过程中，你被说服过吗？被说服之后是什么感受呢？你有试图说服过他人吗？说服他人之后，你的目的达成了吗？人是矛盾的，不喜欢被说服，但喜欢说服别人，不喜欢被改变，却常常想改变他人。事实上，一个人真正改变，一定是他自己说服自己。

以前见客户的时候，有的客户会一条条反驳我所说的内容，我当时下意识地一一应对，他反驳一条，我回复一条。我自以为解决了他提出的所有质疑，他一定没有任何问题，会被我说服，然后下单。结果是没有结果。后来我意识到说服对方并不能让对方从内心认同，更不能改变他的行动，只有让他自己想通，认识到真正的需求，才会改变。于是我开始学着使用引导的方式来沟通，把主导权交给客户，站在他的角度思考遇到的问题，挖掘他真正的需求。这样沟通的效果好了很多，即使客户没有下单，我们也能建立信任关系、保持联系。

原则二：没有人喜欢不知情。

很多时候，我们想说服、改变和影响别人，却总是觉得让对方知道的越少越好。实际上，对方越不知情，掌握的事实越少，越不容易被说服。

做了多年保险，我发现客户购买保险之后出现的投诉，很多并不是针对保险本身，而是因为不知情。保险是一个复杂的金融产品，沟通中要清晰地呈现方案，向客户说明产品的各项功能，如重要责任、免责责任、健康告知、投保须知、投保流程等，都要详细且清晰地向客户说明，并且确保客户能够了解。引导客户投保，每一步也都尽量告诉客户背后的原因，可能产生的利益关联等，避免因为不知情而引发的误会。

黄金圈原则在这里同样使用，每个人都希望自己知道事情背后的"why""what"，而不仅仅是按照他人所说的"how"去做。沟通中让对方有掌控感，就是要告诉他全部事实和理由，而不只是给出一个结果。

原则三：所有人都希望有退路、有选择。

解决对方的后顾之忧，也是我站在对方角度上思考收获的经验。和客户沟通保险时，有的客户会提出一些疑虑：我对你比较信任，但对保险不太了解，这个签了就不能反悔，还要交很多钱，感觉很没有保障。往往这时候已经是临门一脚，说得好就能拿下这一单，说不好可能会失去这个客户。我发现每个人都希望自己是有选择的，或者说有退路，反悔了损失也不大，这是在寻求一种安全感和确定性。所以，这时候我往往会给出一个解决方案："您觉得保险方法合适，也在预算范围内，可以先签下来，未来有 15 天的违约期，15 天内有任何问题，可以无损失退保。"在和人沟通的过程中，看到对方内在的需求和顾虑，正是同理心的表现。

"你眼中的问题可能是对方的解决方案",这是我时常用来提醒自己的一句话。比如我非常不喜欢别人抽烟,一直觉得这是一个坏习惯。但是在抽烟的人眼中,抽烟可能是他融入圈子、度过无聊时间的解决方案。所以让一个人不抽烟,就是拿掉他的解决方案,这是很难的。想真正解决这个问题,是要和他一起找到一个替代方案。

理解对方的感受,并不是简单说一句"我理解你的感受",而是要用心体验对方的感受,设身处地地感受、体谅他人。沟通要有同理心,这样才能知道对方此时此刻在想些什么。任何道理、逻辑、事实,都比不上真正站在对方位置上的沟通。同时,同理心又很难得,因为它需要我们摒弃自身的立场,站在他人的角度去感受和理解,相当于换一个视角去看世界。

沟通四大要素之四:情绪。

沟通分为两部分,内容和情绪。前面大部分说的都是内容,这里来说情绪。

沟通中往往会带有沟通者的情绪。同样一句话,不同的人表达出来,情绪状态不一样,沟通接收一方的情绪反应也会不一样。

只要稍微观察自己在不同情绪下的沟通状况,就可以发现其中的明显差异。情绪消极负面时,沟通表达中都是消极负面的语言,沟通对象也很容易被影响,双方你来我往,把情绪放大,很可能会影响到沟通结果。我们常常会看到愤怒的人,在和他人的争执中说出很多让自己后悔的话。而情绪积极正面时,说出的内容也是积极正面的，沟通对象能够感受到这种积极的情绪，沟通意愿通常会增强，沟通效果也会更好。

所以，情绪管理很重要。我们需要先处理情绪，再处理事情。糟糕的情绪会让沟通也变得糟糕。当你的情绪不对时，无论讲什么，都没用，反而你自己会在无形中展现出脆弱和不如意。状态很差时，就要想办法让自己平静下来，调节好情绪之后再进行沟通。这期间不要开启任何对话，因为控制情绪也需要消耗大量能量，能量不足，无法实现有效沟通。

情绪特别积极、能量非常足的时候，你会变得非常自信。这种自信，会让对方接收认同，甚至可能迅速促成交易。如果你经常看直播，就会发现带货主播充满活力，有感染力，能够有效地带动直播间的粉丝。

更进一步，不仅要管理好自己的情绪，也要主动照顾对方的情绪，遇到对方情绪不好时，先和对方一起处理情绪。我还记得有一次约客户签单，对方是一对夫妻，结果到了约见的地方，只有丈夫过来，妻子没来。我没有急着说签单，而是问他发生了什么。他的情绪有些低落，说家中有些矛盾，吵架了。显然这样的氛围已经不太适合谈保险业务了，于是我和客户聊了很多其他的，聊完约定下一次见面再说签单。后来，我很顺利地签下了这个客户。如果不管现场氛围，还是极力推进签单流程，客户一定会非常反感，觉得我只管业务，完全不管他的心情，没有同理心，原本已经板上钉钉的业务很可能就飞走了。

如何最快速地提升我们自身的情绪能量呢？人是视觉动物。

第一印象往往决定了对方会不会和你接触、互动、交流。第一印象最重要的部分就是外在形象。

外在形象包括形象、气质、礼仪。一个好的外在形象，不一定要非常漂亮，也不一定特别正式，但一定要和你所在的行业、所做的事情相匹配，呈现你的专业度，言行举止要稳重。最快捷的方式是换一身更衬托自身气质的衣服。没有人有义务在一个邋遢的外表下了解其背后有趣的灵魂。这句话适用任何场合，越厉害的人，往往越重视自己的外在形象。好的外在形象，会让一个人内在气质得到释放。

除此之外，我也积累了很多调整日常能量的方法，在自己情绪比较低的时候，马上就能用上。分享几个实用方法：

- 励志视频，激励自己。
- 找他人给予自己鼓励。
- 看自己的梦想（吹牛）清单。
- 没有什么是一顿烧烤（火锅）解决不了的。
- 写反思日记。
- 远离让自己能量变低的人。

5.2 沟通技法：洞悉原则，高效沟通

我们生活中很多行为，都有意无意被影响着，只要洞悉其背后的逻辑，沟通就会变得很通畅。沟通中的技巧和工具，要把知识、技巧、意愿变成习惯。

1. 积累素材，不断练习

如果想让你的沟通能力变得更好，表达更有说服力，可以把信息进行分析拆解，建立自己的素材库，包括故事、案例、经典图书、古诗词、行业报告、演讲等。这些都需要日复一日地积累。

我就是觉得自己缺乏幽默感，于是我就建了一个段子库，把我日常碰到的有趣段子都记录下来，有时间的时候就看看。一有机会我就尝试讲讲。毕竟素材积累下来，我们还要不断练习，熟练运用。这样，在需要使用时，我们可以随时调用。

2. 迈克尔 6 问

耶鲁大学心理学家迈克尔·潘塔隆博士经过 15 年的潜心研究，将几代顶尖心理学家的研究精华与自己的实践相结合总结而成，精心设计 6 个问题，挖掘一个人内在的动机，选择做或不做某事。

第一问：你为什么想做这件事？

第二问：你有多想做这件事——从 1~10 中选择一个数字，1 代表一点也不想，10 代表很想。

第三问：你为什么没有选择更小的数字？

第四问：设想一下，如果你做到了，会发生什么好的结果？

第五问：对你来说，为什么这些好的结果非常重要？

第六问：接下来你会做什么，如果你想做的话？

3. 影响力的七个原则

流动的人心，不变的人性。不管时代怎么变化，人性是不变的。

"影响力教父"罗伯特·B.西奥迪尼在《影响力》一书中，分享了七大影响力原则，分别是喜好、互惠、联盟、权威、社会认同、承诺一致和稀缺。

喜好原则，指的是大多数人更容易答应自己认识和喜欢的人所提出的要求，像我们常说的"爱屋及乌"。比如好友有什么需要，或者请我们帮个忙，我们通常都会答应，而且会比较积极地行动。

有时候哪怕朋友不在场，他人顺带提一下朋友的名字，很多人也不会拒绝他人的要求。把这个方法用在初次见面建立关系上非常有效。比如和新客户第一次见面，可以提一提两人都认识的朋友，说："我是你的朋友推荐来的。"朋友之间的推荐，会让影响力传递，也会对被推荐人产生正面影响。

互惠原则，说的是如果从他人那里得到了好处，心中会有亏欠感，想要报答回去。这一原则的触发因素是一些事前施加的小恩惠。比如新店开业的赠送活动，填写问卷前送出一份礼物。

联盟原则，简单来说就是人们会更加顺从和自己在同一群体里的人。人会自动按照群体把他人分为"我们""不属于我们"这两大群体，更加认可和信任"我们"这一群体里的人，愿意多链接、多合作。

权威原则，一个人从出生开始，就会被教导"顺从权威"，这导致人们总会不自觉地受到权威的影响，甚至盲从权威。在沟通中的表现就是全然信任权威所说的话。

每个人身边都有权威，如长辈、老师、专家、学者、名人，他们在辈分上、职位上或能力上比我们更高一些。如果对方有非常好的正面影响力，我们通常会愿意与他沟通，愿意接受他的观念想法以及推荐的东西。这也是一个很好的成交策略。我很喜欢刘润老师，后来他开始做电商，我非常愿意和他成交，积极地下单购买。

社会认同原则认为，想要说服他人做一件事，只需要向他证明，更多人在做同样的事情。因为人们潜意识认为要跟随大部分人的决定，这样至少不会犯错。所以我们会看到新店开业门口排长队，还有相近位置同类店铺热闹的越热闹，冷清的越冷清。

承诺一致原则，在大多数情况下都是有益行为的反映。对于言行一致的人，人们会放心把事情教给他。所以一个人更倾向于保持承诺一致、行为一致。比如一个人说自己乐于助人，当你找他帮忙时，他大概率会伸出援手。

还有一种情况，A找B帮一个小忙，B答应了。不久后A又找B帮忙，B又帮了。A第三次找B帮忙，通常B也会答应。人们倾向于保持行为的前后一致，因此更愿意帮助那些曾经帮助过的人。

稀缺原则，"物以稀为贵"，对失去一样东西的恐惧，会比获得同一物品的渴望，更能激发行动。很多商家最直接的做法就是"数量有限"策略，让消费者相信商品很受欢迎，错过就没有了。这种策略，一来促进成交，二来提高商品在消费者眼中的价值。尽管商品很简单，随处可见，但依然有很多人会心动。

有一次，我关注了一个抖音运营课程，营销人员一直给我发信息，告诉我课程在做活动，但是快截止了，想要福利，就要马上下单。我明知道是销售策略，是"套路"，还是会受这种"稀缺性"的影响，很快下单。我需要这个课程，购买的决策看起来是理性的，但过程中一直被暗示"限时特价、限时福利"，难免受到影响。

4. 非暴力沟通

《非暴力沟通》一书是沟通领域最重要的著作之一，对我的帮助极大。书中用两种动物——长颈鹿和豺狗——比喻处于两种沟通模式的人。

豺狗是一种极易暴躁的动物，面目狰狞，贴地行走，视线局限于自己面前。长颈鹿则非常优雅，脖子长能够看得远，心脏强大，却反应慢。因为目光短浅，安全感差，豺狗常常表现出强烈的攻击性。而长颈鹿能够关爱自己，关心别人，与他人建立和谐的关系。

在沟通上，长颈鹿目标明确，不会因为小事纠结，能够处理情绪，擅长使用表达请求的语言。而豺狗则只关注眼前的事物，时刻竖起耳朵，保持警惕，惯常使用表达要求的语言。我们要向长颈鹿学习。

非暴力沟通还强调不带评论的观察。印度哲学家克里希那穆提曾说："不带评论的观察是人类智力的最高形式。"这是非常难做到的一点。我们常常会把观察和评论混在一起，把客观事实和内心评价混在一起。这样的表达很容易让听到的人感觉自己被批评、被否定，产生抗拒心理。我们很难避免评论，但要区分观察与评论，站在客观的视角，讲述事实。

5. 主动破冰

沟通破冰，只有一次机会，因为人没有第二次机会给他人留下第一印象。破冰，本质上不是为了展现自己，而是为了赢得信任。当人感觉安全，没有威胁时，会产生一种掌控感。让对方拥有掌控感，可以增加信任度，赢得信任。所以，破冰要用动态友好的方式沟通，拉近双方的距离，给对方留下好印象，为下一次沟通打好基础。

破冰最大的障碍是"不好意思"，在意他人的看法。这时候可以给自己一个暗示："我是主人，我们只是还没认识的朋友。"积极主动向前迈一步，世界会为你打开很多大门。

破冰有四个步骤：

第一步，在对方的世界，找到自己和对方的共同信息，实现精准卡位。

第二步，透过对方信息，展现你对对方的关切，缩短社交距离。

第三步，把自己的一部分交给对方，有意识地经营双方关系。

第四步，在次日进行轻量级互动。如微信反馈，朋友圈点评等。

6. 55-38-7 法则

这一法则又叫麦拉宾法则，由美国心理学家麦拉宾提出。具体是指人们第一印象的影响因素中：只有 7% 的信息来自纯粹的语言表达；38% 的信息通过听觉传达，如说话的语调、声音的抑扬顿挫等；55% 的信息通过视觉传达，如手势、表情、外表、装扮、肢体语言、仪态等。

所以在与人沟通时，除了从对方的用词中理解他的感受，还可以从身体语言、声音声调等了解他的情绪和感受。表达时也要注意自己的声音声调和身体语言，真诚用心，给人留下好印象。

在各种沟通场景中，也可以有意识地注重某一方式的表达。如电话沟通，彼此看不到表情和肢体动作，要更关注语言和说话语调，让对方从用词和声音声调中感受到更多细节。线下面对面，穿着简洁大方，肢体语言诚恳得体，一定能在对方心中加分。

7. FFC 赞美法则

关于赞美，有人说："遇到人就赞美，难道不是拍马屁吗？

每个人都值得赞美吗？如果一点也不觉得对方有哪里好，还硬要赞美吗？我感觉这样做很虚伪。"

很多时候，我们很难看到他人的优点，反而容易聚焦到他人的缺点。毕竟，人无完人，没有人是完美的。换个角度来说，既然任何人都有优点，那么就一定有值得赞美的地方。

不要觉得赞美只有一方收益。赞美，是一件双赢的事情。对方听到赞美，心情愉悦；你真心赞美别人，看到的都是别人积极的一面，你的情绪也是愉快的。而且赞美还有一个非常实际的作用，就是训练一双善于发现优点的眼睛。永远都能看到别人的优点，是一件很美好的事情。

你可以使用 FFC 赞美法则，具体来说就是，赞美对方时，先用细腻的语言表达内心感受（feeling），然后陈述带给你这种感受的客观事实（fact），最后通过一番比较（compare），表达对对方的认同，让对方相信你所说的。

举个例子，一位朋友最近在健身，见到他的时候你可以说："我看了你的朋友圈，太厉害了，过去一周都在健身房健身，动作都非常标准，效果感觉很不错，你的气色比上个月见面时好多了。改天有机会向你请教怎样练出这么好的身材。"他会很开心地和你分享自己的健身经验。

8. 激励万能用语：你是怎么做到的？

在沟通中，激励比赞美更进一步，能够推动对方的行为。因此，激励也是领导力的表现。最简单也最好用的激励用语是：

赞美陈述 + 你是怎么做到的？

赞美陈述，认可对方的行为，然后更进一步，邀请他分享自己的经历和经验，推动他总结复盘自己的经验。如果是两个人聊天，可以打开话题，把主动权交给对方，收获一场高质量的沟通互动。在公司则可以放大这种激励效应，如请业务高手分享经验给大家，让大家都能学习他的方法。

曾国藩在给弟弟的信中曾写道："扬善于公庭，规过于私室。"表扬或激励他人，要尽可能让更多人看到，让更多人听到。而批评他人，尽量在私下规劝。我们也可以将这一条作为一个沟通原则。

9. 三个一分钟

这一方法来自《一分钟经理人》一书，作者是肯·布兰佳和斯宾塞·约翰逊。肯·布兰佳是全球具有影响力的管理大师，斯宾塞·约翰逊是《谁动了我的奶酪？》一书的作者。

三个一分钟是《一分钟经理人》中提出的及时反馈系统：一分钟目标、一分钟赞美、一分钟更正。

一分钟目标，是用一分钟的时间，把每个目标写下来，沟通双方快速对齐目标。

一分钟赞美，目的是给到对方正面反馈。这一分钟可以分为三段，第一段及时赞美，描述成就、细节、感受和对他人的帮助；第二段沉默几秒，让对方享受被赞美的喜悦；第三段趁热打铁，给予鼓励。

一分钟更正，在目标没有达成时，要进行批评和更正。这一分钟也可以分为三段，第一段，对事不对人，明确指出问题，表达自己的感受，以及可能的后果和影响；第二段，沉默几秒，让对方反思自己的问题；第三段，对人不对事，表示对他的信心和期待，希望他改正错误，做得更好。

5.3 沟通模型：清晰表达，顺畅沟通

沟通模型，是在沟通过程中，设定一个框架，让沟通在框架内进行。为什么要使用沟通模型呢？因为在注意力稀缺的时代，每个人每天都面对着海量的信息，所以沟通需要更高效精简的表达。用框架思维，选择合适的沟通模型，能够让沟通双方清晰表达、记忆和思考。

1. 黄金圈法则

在第一课中讲到了黄金圈法则，对任何事先问"why"，再问"how"，最后思考"what"。

以保险销售为例。"what"，是保险可以做什么，如：这个保险产品非常好，保障100多种疾病，有多次理赔，这些情况下都可以理赔……"how"是保险可以解决什么问题，比如弥补意外带来的经济损失，保障基本生活水平，规划未来子女教育、养老等。"why"是驱动客户行动的核心要素，也就是购买保险的核心诉求，这个诉求可能每个客户都有所不同，要有针对性

地沟通。

按照"why-how-what"的模型，和承担家庭经济重担的人沟通时，先说"why"：作为一家之主，你承担着家里的重大责任，真的很厉害，我相信你会继续努力打拼，一家人的生活也会越来越好。但是我们不能否定风险的存在，万一遇到风险，家庭开支谁来承担？房贷谁来还？保险在一定程度上可以保障我们的基本生活，它就像安全带一样。我们都知道，在发生意外时安全带往往能起到关键的保护作用。保险就是在关键时刻发挥作用的。

在沟通中，触动到对方的核心诉求，对方表达出进一步了解的意愿，再来了解对方的情况，梳理保险能为他解决怎样的实际问题，如基础保障，还是未来所需，定制一个产品组合方案，这一步是"how"，最后沟通方案的具体内容，也就是"what"。

2. 非暴力沟通四要素

在《非暴力沟通》中，马歇尔·卢森堡提出了非暴力沟通这一概念，他认为非暴力沟通是一种爱的语言，在沟通时要善于倾听，了解他人内心真实需求，给予适当反馈。并且提出了非暴力沟通的四要素：观察、感受、需要、请求。

观察：说自己观察到的事实，有理有据，不带个人观点和评价。

感受：清楚地表达自己的感受，运用"兴奋""开心""愉悦""害怕""难过"等词语表达，不说观点和想法，不用"我觉得""我认为"等词语。

需要：分辨自己需要什么并明确地表达，而不是指责批评他人。

请求：向对方提出正面的具体请求，并请对方反馈，确保双方是同样的理解。

四要素合起来表达是：当我看/听/想到……我感到开心/兴奋/愉快/难过……因为我想要/喜欢/重视……我请求……

3. PRS 模型

这一模型中，PRS 的具体含义如下。

P（Problem）：承认问题。

R（Reason）：分析产生问题的原因是什么。

S（Solution）：针对这个问题，采取哪些措施来予以解决？

PRS 模型适用于回答质疑的场景，比如汇报工作时，领导和同事对汇报内容提出问题，面对客户投诉，或者突然被抱怨被质问的情况。

假设一位销售遇上领导，领导突然问："上个月业绩为什么下降了啊？"他就可以用 PRS 模型来回答："领导，上个月销售额确实下降了一些。我自己反思分析了原因，主要是有三点……我已经采取了相应的改进措施，分别是……"

首先承认问题，和对方达成共识，表示自己已认识到不足。接着分析原因，说明认识深刻，知道问题也在力图解决问题，让对方看到你的行动，也让信息共享。最后提出解决方案，提出计划和行动方案，让对方知道，也可以请对方给出意见。

4. STAR 法则

STAR 法则是《高效培训》一书中所提出的概念，具体含义如下。

Situation（情景）：明确事情所发生的背景，如什么类型？如何发生？为什么做这件事？为了解决什么问题？

Task（任务）：明确在背景环境下所承担的角色及所执行的任务，要达成的目标，如设定了什么目标？为什么这样设定？实现目标涉及哪些环节和流程？

Action（行动）：阐述任务当中如何操作与执行任务，重点讲述行动过程，如做了哪些具体工作？遇到什么问题？如何解决？

Result（结果）：描述行动之后的结果，如项目成果是什么？有哪些数据支撑？有什么经验总结？

这一法则适合汇报、面试等场景，汇报者或面试者说明事情的背景，阐述需要完成的任务，采取的行动，以及最后任务的完成情况和结果，从而让对方清晰了解汇报者或面试者的工作能力。

5. 云雨伞模型

这一模型也叫"空雨伞"，来自知名的咨询公司麦肯锡。用一句话来表达就是：天上有乌云，应该要下雨了，出门带上伞。展开来看，云代表事实，雨代表分析推测，伞代表行动，也就是看到什么样的事实，分析推测出可能的结果，然后根据分析采取相应的行动。

假设你在公司的人事部门工作，准备组织一次团建，需要向领导汇报，可以按照云雨伞模型来沟通：领导，我发现最近团队士气有点弱，大家日常的积极性不高。我分析了一下，我们很久没有组织团建了，以至于新员工加入后，和大家不太熟悉。所以我建议能否组织一次户外拓展，一来让新老员工彼此熟悉，二来也带动大家的工作积极性。

沟通模型都非常简单，关键还在于日常沟通时多拿出来运用，多用才能在日常沟通中逻辑清晰，条理分明，也不要困于模型，要活学活用。

6. PREP 模型

PREP 模型也来自麦肯锡，是一种很好的"结论先行"的表达方式，具体含义如下。

P（Point）：先说结论，开门见山地阐述观点及主题，让听众先明确内容主题。

R（Reason）：再说理由，阐述支撑上述观点和结论的理由，一般两三点即可，视演讲的场合、时间而定，论证结论的可信性。

E（Example）：拿出例证，给出示例、数据来支撑观点和结论，强化理由。

P（Point）：重申结论，再次强调观点和结论，进行首尾呼应。

PREP 模型符合听众在接收信息时的注意力曲线，即注意力在沟通开始和结束时最为集中，沟通过程中比较容易分散。开篇结论先行，结尾重申结论，让听众最大限度地接收关键信息。

7. 否新高模型

这一模型既适合于用在辩论赛，也适合于用在生活、职场中，有人提出问题请你真诚回答，或者需要强调自己的观点。

否，是否定现存的观点或方案。新，指提出一个新观点。高，指最后在更高的层次上进行升华。

乔布斯常常使用否新高模型。2007 年，苹果推出 iPhone 时，乔布斯先否定了市面上所有智能手机，接着拿出 iPhone，说这才是真正的智能手机，"今天，苹果公司将重新发明手机"。

推销保险时，也可以采用这一模型：买保险就是买一个产品吗？当然不仅如此，买保险重要的是找到合适的人。一份保险产品有 20 年服务期，未来的理赔服务也是非常关键的要素。

8. SPIN 模型

这是一个非常实用的通过提问引导对方深入思考的模型，通过设定问答的方式或提问类型引导对方发现并确认自己的需求。

SPIN 包括 4 个问题。

S（Situation Question）：现状型问题，探索实情，为后续问题打下基础。

P（Problem Question）：难点型问题，找到对方的困惑，发掘他的隐含需求，寻找能解决的问题。

I（Implication Question）：暗示型问题，深入研究，发现问题可能带来的不利后果，把潜在问题扩大化。

N（Need-payoff Question）：解决型问题，共情互惠，引导对方说出得到的利益和明确需求，将讨论推进到行动和承诺阶段。

这个模型适合用于销售，四大类问题发掘、明确和引导客户的需求与期望，从而不断推进营销过程，为营销成功创造基础方法。

本课复盘及思考

复盘

沟通是一场无限游戏，很难一次就完成，它往往需要一次又一次聊天，一次又一次互动，而这也是未来长期的沟通方式。

沟通技巧"术"，做人方式是"道"，沟通的目标不是"口服"，而是"心服"。这种"心服"是让他意识到"你是对的，我应该这么做"，他不是被你说服的，他是被自己说服的，而你只是给他一把钥匙，把他心门打开了。

这一课从沟通的底层逻辑、技法、模型三个维度讲走心沟通。

理解沟通的底层逻辑，掌握沟通技法，了解行为背后的逻辑，学习沟通模型，条理清晰地与人沟通。相信自己，你可以的。

思考

1. 找出近期和人沟通的案例进行拆解。
2. 成功案例是如何做的，符合哪种模型？
3. 失败案例为什么会失败，重来一次的话如何改进呢？

第 6 课 领导他人：塑造可复制的领导力

你认为自己有领导力吗？给自己的领导力打个分，0~10 分：0 分代表完全没有领导力，习惯跟着他人走；10 分代表领导力很强，善于带领团队达成目标。

我想，大部分人给自己打的分数都不高。原因有二，一是极少数人天生有领导力，大多数人都是追随者；二是很多人认为，"枪打出头鸟"，低调是一种美德，锋芒毕露可能会吃亏。

我自己就是在这样的环境下成长起来的。从小到大，没有当过班干部，没举手报名选拔过，也没参加过运动会。我的成长环境有意无意地暗示我：低调一点。因此，我一度非常自卑，不太愿意站到人前展示自己。直到有一次，参加线下课，一位同学和我说："振源老师，你这么自信，是怎么做到的？"那时候我一愣：我从来不觉得自己是自信的人，但在他人眼中我很自信。回想一下，我的确做了很多原来不会做的事情。

成长的环境会影响一个人，让他的内心形成一种固定的意识，过去已经不能改变，未来是可以改变的。只要努力成长，就会被滋养，渐渐变得自信，领导力也能得到提升。

6.1 什么是领导力？

先来说一个有领导力的人：乔布斯。

乔布斯的领导力和影响力都毋庸置疑。美国总统奥巴马曾评价说："乔布斯是美国最伟大的创新领袖之一，他的卓越天赋也让他成了这个能够改变世界的人。"

1955 年，乔布斯出生于美国旧金山。1974 年因为经济原因从大学休学，两年后与斯蒂夫·沃兹尼亚克、罗纳德·韦恩联合成立苹果公司。1985 年，乔布斯获得由里根总统授予的国家级技术勋章，却被自己创办的公司扫地出门。接下来的 10 年，他创办了 NeXT 公司、皮克斯动画公司。1997 年，苹果公司陷入困局，乔布斯回归，并大刀阔斧地改革。乔布斯管理的十多年间，苹果公司先后推出 iMac、OSX 操作系统、iTunes、iPod、Apple TV、iTunes Store、iOS 系统、iPhone、iPad 等一系列大受欢迎的产品，成为影响力最大的科技公司之一。

乔布斯身上有很多广为人知的缺点：脾气不好、非常挑剔、精于算计、讲话不留情面等。但这些缺点的另一面，也是他的领导力的重要特点：以远大的愿景驱动自我，理念牵引，追求极致；以创新为灵魂，苛求完美；热爱自己的事业，执行力强，忘我工作；强势、果敢、坚毅；超强的沟通力，极富个人魅力……这些特点让他具有非常强大的号召力和领导力。

2005 年 6 月 12 日，乔布斯在斯坦福大学的毕业典礼上，做了他人生中最著名的一次演讲——《我人生的三个故事》，其中有一段话，或许是他领导力本源的最好诠释：你必须相信，经历过的点点滴滴，会在你未来的生命里，以某种方式串联起来。你必须相信一些东西——你的勇气、生活、姻缘，随便什么，相信这些点滴能够一路链接，会给你带来循从本觉的自信，它使你远离平凡，变得与众不同……

从乔布斯身上，你能感受到什么是领导力吗？领袖与领导力直接相关。能成为领袖，自然而然会获得更多关注和更多溢价。但领导不等于领导力。领导是一个职级，一个岗位，成为领导，不一定有领导力。当下的职场，很多时候是扁平化管理或矩阵型管理，所有人在一个团队里，更多依靠影响力驱动团队运转。

那到底什么是领导力呢？过去我常常会把领导力、影响力、权力弄混，后来是刘澜老师的课程帮我把这三个概念梳理清楚了。

刘澜老师说：权力就是让别人听你的。领导力的本质是权力，如果你能正确领导别人，你就有权力了。

权力又可以分为六种：

- 报酬权力，甲方付出金钱和成本，请乙方服务，乙方听甲方的。
- 合法权利，甲身在某个岗位，拥有组织或社会赋予的权力，乙得听甲的。如经理和员工。
- 强制权力，甲用各种手段，如暴力、制裁、罚款等，强制乙听他的。

- 专家权力，甲是专家，所以乙听甲的。如医生和患者。
- 参照权力，乙把甲当作榜样，向他学习向他看齐。如明星和粉丝。
- 信息权力，甲善于表达，很有说服力，让乙信服。

前三种权力是职位权力，只要在相应的位置上，就会拥有对应的权力，属于推力。

后三种权力是个人权力，与所处位置没有相关性，每个人都可以拥有，属于拉力。每个人都可以成为专家，影响非专业人士，也可以成为某个人的榜样，还可以发挥说服力，影响他人。德鲁克说："营销的目的是让销售变得多余。"真正的领导力高手擅长用拉力，尽量让推力变得多余。

6.2 如何塑造领导力？

1. 运用拉力

塑造领导力，要运用拉力。那么如何围绕拉力，发挥自身的影响力呢？

专家权力，来自专家身份。医生、律师或某一领域的专业人士，都有这一项权力。获得这项权力的方法就是让自己成为专家，在某个领域做得很厉害，让大家愿意听你的，按照你所说的去做。日常要做的就是好好沉淀自己，在自己的专业领域内深耕，持续发声，积累影响力。专业能力是很难被复制的。

当你在专业领域内拥有了差异化价值，甚至在某个细分领域拥有话语权，令他人十分信服，你就有了专家权力。

参照权利，就是榜样力量。每个人都有榜样，也可以任何人为榜样，小时候父母、老师、长辈、同学是我们的榜样，长大后接触到的人越来越多，其中有一些也会成为我们的榜样，比如职场前辈、专业领域的牛人、明星、大V、历史上的或现在的名人等。一个人心中的榜样，通常是这个人想成为的样子，会采取一些方式让自己靠近榜样，模仿榜样的思维和行为，拥有榜样喜欢或推荐的东西等。每个人都可以建立这样的影响力，成为他人的榜样。

信息权力，是一种能力，让他人信服的能力。前几年有一档很火的辩论节目《奇葩说》，每个选手会根据立场，阐述不同的论点，获得观众的支持。观众都知道他们的立场决定了表达，却还是会被精彩的论点带跑，觉得两边都非常有道理，难以抉择。这就是信息权力，选手们在自己的位置把他人说服，让他人听到自己所说的内容之后，改变立场，采取行动。

对照一下，哪种领导力是你可以培养的呢？成为专家？做个人品牌，扩大影响力？学习演讲沟通或写作，用语言文字影响他人？选择合适的方式，刻意练习，就可以拥有影响力，塑造领导力。

2. 主动承担责任

大部分人不愿意当领导。去看看竞选活动就知道了，小到班级竞选班干部，大到公司领导竞聘，站出来参加的人始终是少数。这既是因为现实中领导始终是少数，很多人没自信，觉得自己选不上，干脆不参加，大部分人习惯了当追随者。远古时期，为了躲避危机，看到有人奔跑，其他人也会跟着一起跑，因为这样最安全，即使跑错了，也没有什么损失，而跑对了，就成功躲避了一次猛兽袭击，保证了自己的生存。

突破这种基因里的限制，成为领导者，首先要主动承担责任。主动承担责任很难，但我们别无选择，因为我们还有一家"无限责任公司"，必须承担它的无限责任。主动承担责任，没有想象中那么难，只要把脑海中的"我不能"变成"我可以"，一次次做到，就能积累影响力。

我第一次意识到自己有领导力，是在海尔公司。通过校招进入海尔公司时，完全是新人小白，什么都不懂，什么也不会。工作没多久，领导给我一沓资料，对我说："这个做成PPT，明早要给领导汇报。"我蒙了，PPT不会做、数据不会导、报表不会查。怎么办呢？做吧！下午拿到资料，赶紧开干，熬个通宵，困了在办公室睡会，醒了继续干，做得不好，返工修改。那段时间我的精神压力很大，生怕领导什么时候又来一个PPT。不过我也没有退缩，任务来了就做，成长速度很快。有一次领导对我说："这个PPT做得不错！"我受到了莫大的鼓舞。

不久后，领导参加全国大会要做演讲，问我能不能做演讲PPT。我当时心里没底，之前我做的PPT都是对内汇报的，对外演讲类的我还没做过，而且领导要求要做得非常精美。我可以说不能做，领导有备选方案，但我说："我可以。"接下来一星期，把能用的时间都投入到这个 PPT 制作中。成品出来后，领导非常满意，还在部门里表扬我。从那一天开始，我成了部门做 PPT、做表格文档的专家。其他部门的同事有相关问题也会来找我，咨询我的建议。我也会做一些分享，告诉大家如何做 PPT。渐渐地，领导出差都会带我，我跟着他去了很多城市，认识了很多厉害的人。大家说领导身边有一个得力干将。不知不觉间，我有了影响力。

我的领导力，来自主动承担责任。面对困难的任务，不说"不能"而说"可以"，在完成任务的过程中打磨自己。很多人说要练好本事，有强大能力之后再承担责任。不是的，事上练，要在做事的过程中，承担责任的过程中，不断打磨自己。这个世界不存在充分准备，"万事俱备，只欠东风"是一种理想状态。真实世界一定是在行动过程中，蹚过一条条河，爬过一座座山，才能最终抵达爬上山顶，看到美丽的风景。

主动承担责任，马上可以采取的一项行动是使用承担责任的表达"我来"。面对领导或和人合作时敢于说"让我来"，表示自己承担责任，让他人信任自己，获得发挥能力的机会。带领下属冲锋陷阵时积极说"跟我来"，是一种以身作则，给大家指引方向。

主动一点，世界马上会变得不一样。即使是在日常生活中承担责任，在社群中主动负责一些事项，收获都会大大超出预期。一次参加樊登读书（已改名：帆书）线下培训活动，分组选组长时，大家都有些犹豫，于是我主动说："要不我来吧。"大家都说行。成为组长后，组织小组活动，做毕业设计，和小组成员熟悉起来，产生了很多链接。事实上，我站出来说做组长的时候，心里还是有些打鼓，因为手头上有很多工作，时间已经提前安排好了，还挺担心无法服务好大家。后来在执行的过程中，我得到了大家热情的帮助。

很多人说"能力越大，责任越大"。我更相信"责任越大，能力越大"。多举一次手，就多了一些机会，多承担一些责任，能力也会在做事的过程中磨炼出来。

3. 近悦远来

所谓近悦远来，就是把身边的人服务好了，远处的人自然会来。比如做线上课程，第一期服务 20 个学员，他们完全认可你，觉得你很厉害，下一次开课他们会影响身边的人来参加，这样一期又一期，参加的学员自然就多了。我以前喜欢找增量，有时候会忽略存量，客户服务也没有做得很精细。现在回头来看，很多地方可以优化，于是把这些优化想法用来服务现在的客户。

如果想成为一个卓越的领导者，要团结身边可以团结的人，才能解决更大的问题，创造更多的价值。一直单打独斗，称不上领导者。每次都要重起炉灶，也并非一个好的领导者。真正的领导者振臂一呼，身边的人都会愿意跟随，积极响应，他们还会影响更多人一起来加入。把握好存量，流量自然会来。流量改变存量，存量改变世界。

做营销也是如此，服务好周围的人，服务好已有的客户，把该做的和能做的做好，口碑传出去了，自然会吸引更多人来。如果一味地强求，求客户购买，求客户帮忙，一次两次可能对方会答应，但很难持续很久。远处的人、陌生的人来不来，不是我们说了算的，只能通过服务好周围的人，吸引对方。

有的公司喜欢从外部招聘高管解决内部的问题。事实证明，空降高管很可能会出现水土不服的情况，而且在很大程度上会让公司领导者失去领导力。因为公司员工会觉得：公司核心高管都从外部招聘，我们在这里打拼也得不到晋升和认可，图什么呢？他们看不到自身发展的前景，对于领导者的信任和认可度下降，最终会用脚投票，选择更有发展前景的职位。

近者悦，远者来。学到这一课，我也调整了自己的行事方式。过去众所周知的三年，大环境造成的压力很大，我的团队也是。很多成员都承受着经济压力和长期发展的压力。我认识到这一点，转变了自己的角色，成为服务者。我告诉大家，我为大家服务，为大家创造价值。并且积极创造机会，带着团队伙伴去学习，去参加活动，实实在在地帮助大家成长。

一开始就是大阵仗，忽悠1万人跟随，最后全跑了，相当于之前的努力白费。不如服务好100人，让他们成为铁杆粉丝。这100人会带来1000人，带来1万人。只要把眼前能做的做好，一切都会自然而来。

6.3 提升领导力的方法

1. 营造氛围，聚集优秀人才

管理者可以大致分为三类：高层领导者、中层管理者、下层执行者。每个人都可能是管理者，即使团队里只有一个人，也要领导自己，管理自己。层级不同，思考维度也有很大的不同。公司创始人的职责肯定不是写代码、做销售，而是思考战略层面的问题，如企业发展、宏观规划、企业文化。部门负责人要想的是部门的分工、招聘、开支等问题。基层领导关注的是关键绩效指标（KPI），考虑如何完成业绩任务。

以管理者的身份来看整个团队，首先要做的是营造良好的团队氛围。《亮剑》中的主角李云龙文化程度不高，做事离经叛道，经常下场和战士摔跤比拼，满嘴脏话，活像个土匪，一点也不像军人。但正是这样一个人，在独立团里一呼百应，所有人都服他，听从他的指挥。而他在战场上身先士卒，胆识过人，还总有奇谋克敌制胜。李云龙还是营造团队氛围的高手，他会为独立团积极争取各种物资，不惜自己降职；他会为了营救被敌军困住的营长，带领士兵重新冲入刚刚突围的包围圈，损失多人后救回受伤的营长……他的很多行为从管理者的角度看，是非常不划算的。但从领导者的角度来看，他在独立团营造了一种"生死与共""永不放弃"的氛围，将一个团的士兵紧紧凝聚在一起，创建独立团特有的精神。

领导者要营造团队氛围，能做的事情很多：建立信任、建立团队、建立体系、制定标准、引进技术、建立文化。建立信任是第一步，没有信任，无法合作，接下来要做的一切也无从谈起。建立文化，是终极的目标。文化是团队成员达成共识的基础，有了统一的价值观，人们想问题、做事情才有基本一致的判断标准。在这个过程中，最关键的是调动员工的意愿，激发他们的热情。真正的领导者，管理的不是人，而是目标，他身体力行地告诉所有人目标在哪里，该如何达成。员工只要跟着他，就能感受到团队的精神力量，知道目标是什么，使命是什么，自己要做些什么。

我们经常听人说做事要造势，为什么要造势？势头是什么？势头就是氛围。每个环境都有不同的氛围，大组织、小圈子都需要营造氛围。环境里的氛围就像大自然里的风，看不见摸不着，却可以真实地感受到，感受到风吹过，感受到风的温度。感受一下你所在的各个圈子的氛围是怎样的，尽量选择正向氛围的圈子。负向氛围的圈子对人的影响也是负面的，要么改变它，要么远离它。

很多地方会用大家庭来形容公司或组织，以表达良好的氛围和和谐的关系，但我把自己的团队称为球队。家庭需要和谐，你好我好大家好。球队需要赢球，有明确的目标，要共同为目标努力，不会丢下任何一个小伙伴，大家自律分享，携手成长，组成一个温暖有爱的团队。

我始终提醒自己要不忘初心，一以贯之。这话听起来很像口号，但我实实在在地感受过忘记初心之后的疲惫。当我忘记了来时的路和要去的地方,走偏很远之后,才发现这一点。如果想成为一个领导者,一定要以目标为导向,只有这样,团队才会走在正确的方向上,不断成长发展。

流媒体巨头奈飞公司(Netflix)在企业文化中有一个很重要的理念:招募最好的员工。创始人里德·哈斯廷斯说:你能为员工提供的最好的福利,不是请客吃饭和团队活动,而是招募最优秀的员工,让他们和最优秀的人同行!我深以为然:和真正厉害的人在一起,相互竞争、相互学习、相互成就。领导者要做的是,让优秀的人走到一起,让他们知道自己要去往何方,并愿意为此付出努力。

2. 用黄金圈法则讲好故事

好领导都是讲故事的高手。乔布斯讲了一个活着就为改变世界的故事,马斯克讲了一个移民火星的故事,张瑞敏讲了一个砸冰箱的故事,褚时健讲了一个老当益壮的故事……好故事让他们被记住、被选择。

如何讲好故事呢?好结构是讲好一个故事的基本前提,黄金圈法则就是这么一个好结构。前面已经说过黄金圈法则由"why-how-what"组成,用黄金圈法则讲故事,是从使命愿景出发(why),接着说实现使命愿景的路径(how),最后讲述如何做和结果(what)。

故事里触动人心不是"how",不是"what",而是"why"。东方甄选的董宇辉老师在直播间卖产品,不说产品如何好,而是讲产品相关的故事，用非常有温度的方式传递信息，打动手机屏幕前的用户。逻辑是用来说服他人的，不会让人感动，让人感动的是初心，是故事，是细节，是温度。所以"why"才能拨动听众心中的琴弦，让他被触动，并有所行动。

如果想在组织内提升领导力，也可以使用黄金圈法则。第一步，统一认知，告诉所有人为什么而干，公司的愿景是什么，团队的使命是什么，为谁服务，提供怎样的价值。第二步，组织赋能，明确怎么干，实现目标的一些途径。第三步，机制建设，设立明确的行动和边界，让大家都知道做些什么。

大部分人知道自己在"做什么"，一部分人知道该"怎么做"，只有极少数的人思考"为什么要做"。只有那些知道"为什么要做"的人才能激励周围的人，或者找到能够激励他们的人。

3. 领导力沟通，运用沟通视窗

沟通视窗也称乔哈里窗，它将人际沟通的信息比作一个窗子，根据"自己知道–自己不知道"和"他人知道–他人不知道"两个维度，将人际沟通信息划分为四个区域：公开象限、盲点象限、潜能象限、隐私象限。

公开象限，就是自己知道他人也知道的信息。通常来说，公开象限的范围会和一个人的知名度有一定的关联，知名度越大，公开象限越大。比如明星，他们的身高体重、过往经历、家庭婚姻情况、工作动态基本都会被曝光。

盲点象限，是自己不知道他人却知道的信息。很像小时候丢手绢的游戏，跑动中的人把手绢丢在一个人身后，他自己看不到，游戏中的其他人都知道。这就是他的盲点区域。

隐私象限，是自己知道他人不知道的信息。隐私是隐蔽不公开的私事，每个人都可能有一些事情有意或无意隐藏起来，有意隐藏是不想透漏给他人，无意可能是忘记或忽略了。

潜能象限，是自己不知道他人也不知道的信息。谁也不知道的地方，是信息最多的地方，藏着无限的可能性。

潜能象限是四个象限中最大的区域，这是在提醒我们：人的潜力是无限的，不要轻视任何人，可能的话帮助他们激发潜力。任何人也包括我们自己。相信自己可以一直成长，除非你不想成长了。

从领导力的角度来看，沟通视窗有很多应用场景。

（1）把隐私象限转换为公开象限。

每个人的知识结构是不一样的。你以为的"常识"，他人不一定知道。换句话说，你以为的公开象限，实际上是隐私象限。比如专业人士讲述专业领域知识的时候，往往会犯一个错误，过度使用专业用语。对他来说，这些专业用语可能是每天的口头禅，身边的人也都能熟练使用，于是觉得每个人都应该知道。实际上，对非专业人士或小白来说，都是他不知道的。结果一个高能输出专业知识，一个听得云山雾罩，沟通自然不畅。要适时跳出专业视角，真正了解用户，了解他们知道些什么，对齐公开象限，再将隐藏象限的内容，转换为用户听得懂的信息，传递给他们，扩大公开象限。

隐私象限转化为公开象限，还有一个很重要应用，就是拉近与员工的关系。领导者不能一直高高在上，而是要走到大家中间，和大家一起共同经历一些事情，拉近彼此之间的距离。而将自己的隐藏事件告诉员工，比如小时候的糗事，工作中如何应对挑战等，可以让领导者的形象变得立体生动，同时扩大彼此共同的公开象限，赢得员工的信任。这些事情，让大家觉得原来厉害的人也曾经失败，无形中拉近了彼此的心理距离。

（2）通过反馈打破盲点象限。

《战国策》中有一篇文章《邹忌讽齐王纳谏》，讲的是齐国大臣邹忌长得很帅，他分别问自己的妻子、小妾、客人："吾与城北徐公孰美？"得到的回答都是徐公不如他美。过了一天，徐公来拜访他，他端详徐公，又照镜子看自己，还是觉得徐公更美。反思之后，他开始找原因：妻子这样说，是因为爱我；小妾这样回答，是因为怕我；客人也这么说，是因为有求于我。后来他朝见齐威王，把这件事讲给齐王听，他劝谏齐王说：您是齐国之主，爱您、怕您、有求于您的人远超于我，您受到的蒙蔽一定比我更多。齐威王于是广开言路。

把这个故事代入生活中会发现，这样的情况比比皆是。我们更多看到的是自己的优势，看到自己厉害的地方。不知道的地方，也就是盲点区域，需要依靠他人的反馈才能知道并采取行动。没有人有责任指出你的盲点，一直得不到有效反馈，可能是我们对自身的缺陷一无所知，甚至会拒绝听到指出盲点的声音。作为领导者，要避免这种情况，就要想办法让其他人愿意给你反馈，用包容开放的态度，积极主动地寻求反馈。

与此同时，也要主动给予他人反馈。不要怕对方不接受，真诚的反馈，一定可以得到对方的认可。

(3) 从潜能象限找到无限可能性。

潜能象限是最大的象限，相信自己的潜力，不被过去的成绩绑架，也不因过去的挫折沮丧，找到自身的无限可能性。

当然，我们都知道，说起来简单，做起来其实很难。每个人都会受到固定思维的限制，都可能裹足不前，故步自封。发掘潜力象限，要持续学习，要和优秀的人在一起。作为领导者，要用"士别三日当刮目相待"的眼光看待员工，找到员工的潜在意愿，激发他的潜在能力，让所有人积极做出贡献。

(4) 扩大公开象限，扩大影响力。

潜力象限得到释放，隐私象限和盲点象限转换缩小，公开象限也就放大了。这时候会有更多人想要知道你，了解你，和你链接。换言之，你的影响力变大了，更多人信任你，愿意跟随你。在这个过程中，你的领导力将变得卓越。

抓住每一次可能的机会扩大公开象限。比如团建就是一个好机会。团建中的"破冰"环节，可以让大家更了解你；活动中的合作，可以建立信任；挑战中积极承担责任，可以形成影响力。

沟通视窗的四个象限，每个人都不一样。领导力沟通，每个人都有优势也有劣势。领导者用好这个工具，管理好自己，让合作的人或团队伙伴知道什么区域要多互动，哪里是"雷区"、是底线，沟通会变得很顺畅。在这个过程中，沟通能力会提升，领导力会变强。

本课复盘及思考

复盘

如果你想建造一艘船，不要告诉手下如何锯木头、缝帆布，而是要掀起他们对大海的渴望。怎么掀起呢？这时候就要动用领导力了。

这一课我们明确了什么是领导力，区分了权力的六种形式：报酬、合法、强制、专家、参照、信息。普通人可以主动塑造后三种权力，形成拉力。

塑造领导力还需要主动承担责任，按照近悦远来的原则行事。提升领导力，要调动团队氛围，学习运用沟通视窗，讲一个好故事，帮大家设计目标，带着大家一起解决难题，一起成长突破。

思考

现在马上实践领导力，你立刻可以做的事情是什么？你打算怎么做？列出你的行动清单。

第 3 部分
PART 3

价值变现

第7课 财商：处理好金钱关系

LESSON 7

国家卫生健康委员会发布的《2021年我国卫生健康事业发展统计公报》显示，我国居民人均预期寿命由2020年的77.93岁提高到2021年的78.2岁。还有学者发表论文称：预计到2035年，我国平均预期寿命将达到81.3岁，其中女性为85.1岁，男性为78.1岁。而畅销书《百岁人生》中提到，未来我们活到100岁将不再是梦，而是常态。

也就是说，老年生活的时间比我们想象得更长。如果能活到100岁，那么50岁才人到中年，后面半辈子该做些什么呢？如何生活得更好呢？换个角度来看，百岁人生，是我们这一代人的一个挑战，我们要解决的问题包括但不限于：如何不虚度光阴？如何保持身体健康？如何提高生活品质？如何维系更长久的人际关系？如何保持良好的财务状况？

我们都学过一句话：经济基础决定上层建筑。所以良好的财务状况是未来生活的基础保障。"修身齐家治国平天下"，其中的修身，我认为是一个人方方面面的修行，不仅仅是品德修养，还包括身体锻炼、财务健康。身在保险行业，我见过很多人因为没能保持健康的财务状况，导致种种困境。这些都是可以通过培养财商，积极管理财务来避免的。

这一堂财富必修课，分为三个模块：如何让自己值钱？如何赚钱？如何管钱？三个模块是三种不同的视角：值钱，讨论的是如何刷新认知，让自己增值；赚钱，思考如何在单位时间内创造更多价值；管钱，则是如何经营打理自己的财富。

7.1 值钱：让自己变得稀缺

如果你经常看新闻的话，可能会发现一个现象：一方面，就业形势严峻，大学生、研究生毕业找工作艰难，或是35岁的职场人被"优化"、被"毕业"；另一方面，优秀的毕业生或职场人在专业领域大放光彩，事业取得成就，收入丰厚，甚至还能获得政府或企业发放的人才补贴。

为什么会出现这样的差别呢？原因就在于每个人所能创造的价值不一样。一个人能创造更大的价值，自然会有更多收获，这个收获不仅仅是金钱、成就荣誉，更重要的是社会价值和个人价值的实现。

现在，你经营着自己的"无限责任公司"。你是这家公司的老板、销售、运营、前台……这家公司每天都在营业，它创造了多少的价值？未来前景如何？我们要客观地评估自身所创造的价值，并付出努力提升能力，在未来创造更多价值。

1. 稀缺到不可替代

是金子，总会发光的。黄金作为一般等价物，从古至今都不曾被替代，其物理稳定性极佳，不易腐蚀，易于分割、保存，便于携带。即使现在日常都使用纸币，甚至采用电子支付，黄金依然有非常高的市场地位，其价值依然被认可。

"是金子，总会发光的"这句话有一个隐含条件：要像金子一样发光，就要拥有稀缺的特质，成为不可替代的人。一如我们常说的"物以稀为贵"，一种资源、一项能力、一个人，越是稀缺，越不可替代。

在一家公司，员工的重要程度可以分为四类：可有可无、重要、稀缺、不可替代。

面对残酷的市场竞争，当公司或组织进行优化时，通常会先放弃那些可有可无的员工。重要的员工能力突出，身处重要岗位，能为公司创造价值，但他可能并不稀缺，很容易找到替代者。假设一个岗位，有三个人都可以胜任，那么他们三个人都是可以被替代的，很难有议价的权利，只能接受被选择，即使这个岗位很重要。

公司最欢迎的是稀缺和不可替代的人才。我们要时不时看一看自身，问问自己：在我身处的行业、所在的组织、任职的公司，我的能力是稀缺的吗？我是不可替代的吗？是否仅仅是一个"可有可无"的人？发明汽车的人和销售汽车的人，所创造的价值差距是非常大的。

我们都希望自己能不断成长，能力不断提升，这个过程就是在增强自身的"不可替代性"。是否稀缺，取决于能否被替代。很多人在公司里没有安全感，担心自己的发展，担心被他人甚至人工智能替代，最重要的原因就是他所做的事情，其他人也可以做，离开公司，对公司没有任何影响。在职场中，最容易被替代的是那些可有可无的人、重复工作的人、没有创造力的人。

另外，我们要认清自己的价值是源于自身，还是源于公司。有时候，我们会产生一种错觉，错把平台价值当成自己的价值，忽视了自己能力是否真正提升了。让自己变得不可替代，要靠自己，可以借助平台，但不能依赖平台。

创业也是如此。德鲁克说："企业的本质是为社会解决问题，一个社会问题就是一个商业机会。"如果一个问题只有你能解决，说明你能创造更大的价值。你的"无限责任公司"也适用于这一理论。一家公司或一个人的商业价值由很多因素组成，最核心的一定是稀缺性。一定要时刻关注如何解决他人解决不了的问题，如何创造更大的价值，成为不可替代的存在。

同时也要注意，我们所处的环境在变化，可能今天是稀缺甚至不可替代的人，明天就意外被替代。成长是永不止步的，发展要持续稳定。

2. 变得稀缺的三个策略

让自己变得稀缺有三个策略：人有我优、人无我有、跨界整合。

策略一：人有我优。

二八法则也适用于职场。20%的员工创造80%的价值，获得80%的薪酬。而我们大部分人都处在相对充分竞争的行业和岗位，也就是说，有很多人和我们做着同样的工作，不可替代的人极少。并且职业生涯的前期，想要做到不可替代也是极难的。这种情况下，打造自身稀缺性的方法就是做到"人有我优"。用现在很流行的词语来说就是"卷"，"卷"自己，把自己"卷"到行业的头部。

我自己就是这么一路"卷"上来的。第一份工作在海尔集团青岛总部，当时刚毕业做领导助理，主要工作是统计数据、做PPT、做报表等。于是我去学习Office，把自己"卷"成部门最会做PPT、最会做报表的员工，成为领导最信赖的助理。三年后，我晋升为销售总监，成为公司最年轻的销售总监之一。加入保险行业后，一切从头开始，于是我继续"卷"。学习专业知识，打电话见客户，完成每周3件保单的任务，"卷"入了"MDRT百万圆桌会员"，"卷"成世界华人保险大会的讲师。后来做个人品牌，做视频号，做直播，现在我的综合能力已经变得相对稀缺。

也许你会说："卷"不动，想"躺平"。我想说，没有人能一生"躺平"，而在大部分行业，还没到拼天赋的阶段，真正拼的是努力。当然，我所说的"卷"，是和自己"卷"，而不是和他人比。今天比昨天进步一点点，明天比今天再多学一点点，在专业领域十年如一日地坚持成长，一定会成为稀缺到不可替代的人。

策略二：人无我有。

与其更好，不如不同。当所有人都在拼命的时候，意味着都是同质化的。你如果能选一条少有人走的路，做出自己的差异化，就会享受超额的回报。

拼多多为什么可以出圈？因为它做到了人无我有。当时面对消费降级的大背景，天猫和京东都开始做物美价廉的生意。拼多多没有直接与之竞争，而是采用线上拼团的方式，以物美价廉的逻辑让货找人。最开始拼多多上销售的大多是尾货，渐渐地有商家专门为它定制产品。同时，借助爆款裂变的逻辑、借助微信，利用社交裂变获得了飞速的发展。

我从 2019 年开始尝试做线上课程，契机就是那时候我在想，保险行业有 800 万从业者，我到底跟同行们有什么不一样？我得做出点别人不做，或者不敢做的。于是我就懵懵懂懂地"上路"了，后来没想到连续开了 15 期的"振源私房课"。在这个过程中，除了赚到了超百万元的课程费用，"振源老师"这个身份就这样立住了，我正式地跟同行们形成了差异化，这就是"人无我有"。

每个人、每个企业都是不一样的，找出"人无我有"的差异化竞争点，把想法变成现实，最后转换为收益。

策略三：跨界整合。

《呆伯特》漫画的作者史考特·亚当斯曾给出一个跨界整合

策略：选择两种技能，把每一项技能练到世界前25%的水平，然后把两者结合起来去做一件事，就可以取得了不起的成绩。如果你是程序员，那你可以提升公众表达能力，成为口才最好的程序员。如果你是销售，那你可以提升专业技术能力，成为最懂技术的销售。找到你所擅长的专业技能，再找一种技能与之结合，就能通过跨界整合，培养自身的稀缺性。

我加入保险行业，做了9年，专业领域努力做到80分以上。然后又拓展到个人品牌、短视频、直播等。跨界整合让我多了很多武器，在成长的路上，我可以解决更多问题，走得更快。

人有我优、人无我有、跨界整合，三个让自己变得稀缺的策略，哪一个更适合你呢？采用这个策略要解决什么问题？马上可以做些什么？有没有长期计划呢？

不同的人生阶段，选择的策略可能有所不同，你可能只需要应用一个策略，可能三个都要用。如果你的可替代性比较高，那么建议先从"人有我优"开始做起，深耕专业领域，做到领域内的前20%，然后再选择人无我有或做跨界整合，让自己变得不可或缺。你越稀缺，就越值钱！

7.2 赚钱：用有限时间创造更大价值

赚钱的本质是价值的交换，核心是生产价值。原始社会，人们以打猎为生，通过打猎捕获猎物，是生产价值的方式。农业时代，耕种成为主要的生产价值的方式。工业时代，工业革命让生产力大大提高，各种各样的产品被创造、被生产出来，带来了巨大的价值。信息化时代，计算机和互联网创造出很多产品、内容、服务，并且极大地提高了价值交换的效率。每一次生产力提升所创造的价值都有了指数级的增加。

多关注自己创造的价值。你现在从事什么工作？创造了怎样的价值呢？又有哪些关键生产要素呢？

一个人创造价值，都在用时间和个人能力创造价值。生产的过程，就是把一个人的时间、汗水转换成价值，再和这个世界进行交换。如果你的能力是稀缺的，本身具有不可替代性，你所创造的价值被社会所需要，那么你才能获得财富。很多人没有价值感，原因就在于他所做的事情并没有创造价值，或者创造的价值被忽视了。

1. 善用时间

《富爸爸穷爸爸》一书从财富角度总结了四类职业身份：雇员、专业人士、企业家、投资者（图7-1）。

- 雇员是受人雇用，出租自己的劳动力，以换取生活费用的人，他们的财富没有自由度。
- 专业人士以自己的专业谋生，如理发师、司机、保险销售等，他们中很多人为自己工作，收入有限，时间不够自由。
- 企业家依靠系统赚钱，他们付出金钱购买他人的时间为己所用，财务自由、时间自由。
- 投资者以钱生钱，能让钱发挥最大的作用。

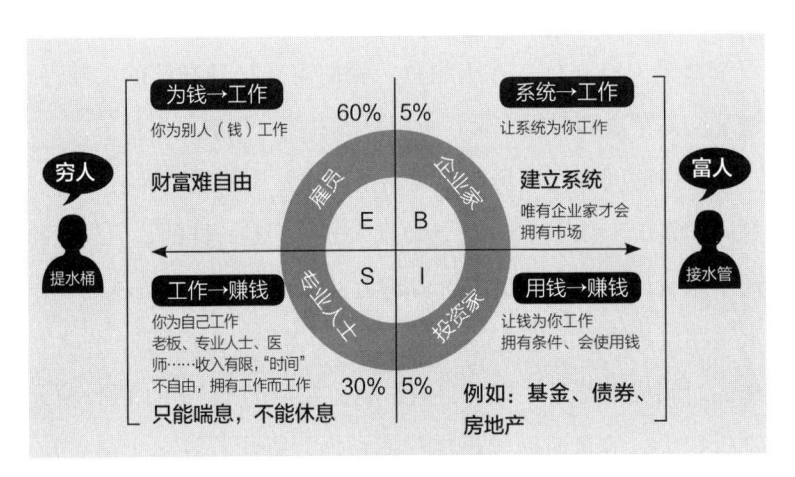

图 7-1 四类职业身份

每个人的情况不一样，你可能是其中一个或几个类型，如既是公司员工，又自己注册公司，还靠专业做副业。

在生产过程中，我们会使用不同的资源或工具，这些就是生产资料，包括时间、技能、精力、经验、资本等。其中最重要的是时间。时间这一生产资料对每个人来说都是公平的，一天 24 小时，第二天又是一个新的 24 小时。我们的一生，本质上来说就是一段时间，用有限的时间创造更多的价值。

如果时间是如此重要的生产资料，那么你是如何使用它的呢？通常有三种使用时间的方式：零售、批发、购买。

零售时间，就是一份时间卖出一次。如果一个人在企业一天工作8小时，每个月工资为1万元，那么他就是在零售自己的时间。工作时间他只能完成工作任务，因为他把这段时间卖给了公司，工作1小时，就获得1小时的收入。零售时间的赚钱策略是人有我优，在组织里，我们需要提升自己的稀缺性，增加交易频次和时间单价，承担更多责任，创造更多价值。

批发时间，把一份时间卖出很多次。比如线上课程，听课的同学是1个和1000个，老师投入的时间是一样的，但越多的同学来听课，所能创造的价值越大，老师的收入也就越高。作家写书也是同样的道理，一本书发行1万册和10万册，作者写作的时间成本都是一样的，但影响力差别很大，产生的价值差别也很大。等量时间的产出价值增加，意味着效率大幅提升，并且成本被大大摊薄。这种方式也很容易获得被动收入。

老板"购买"了员工的时间，创造产品或提供服务，之后获得了更高收益。请人给家里打扫卫生，也是"购买"他人的时间，自己省下来的时间可以去做更有价值的事情。"购买"时间，本质上是节省自己的时间，以创造更多价值。

时间是最重要的生产资料，想要赚钱，一定要善用时间。选择哪种方式使用时间，并没有好坏之分，要看哪种方式可以创造更大的价值。

2. 增加主动收入，创造被动收入

一个人的收入可以分为两部分：主动收入和被动收入（图7-2）。

主动收入，顾名思义，就是自己通过劳动，用时间来换金钱。最常见的主动收入方式就是工作，这种方式最大的特点是一旦停下来不工作，就没有收入。主动收入并不以收入的具体金额为判断标准，只要停下来就没有收入都算。所以我们会看到很多大厂高薪的管理者往往非常焦虑，原因就在于他们的收入都是主动收入，这类人不敢停下来。

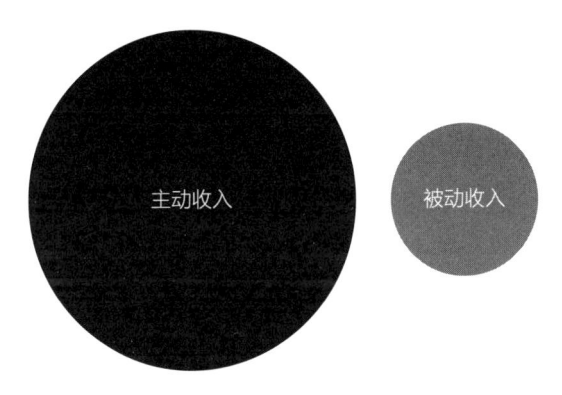

图 7-2　主动收入远大于被动收入

被动收入，是在积累了一定的财富之后，通过投资、建立管道、购买他人时间等方式，无须付出太多时间和精力也能获得的收入。被动收入也叫"睡后"收入，即躺在床上什么都不做，也有收入。

简单理解的话，主动收入相当于工资收入，被动收入相当于理财收入。提高主动收入的方法是提高单位时间的价值，比如原来 1 小时价值 100 元，现在 1 小时 1000 元，有了 10 倍的增长。具体的方法是提升自己的能力，让自己变得专业，变得稀缺，增加自己单位时间的产出和价值，获得更强的议价能力。提高被动收入的方法比较多，如增加本金，投入更长时间，选择多渠道投资组合等。

我们都追求自由，想要心灵自由必须时间自由，时间自由要以财务自由为基础。财务自由某种程度上取决于收入结构。大部分人的收入主要是主动收入，主动收入足够大，说明现金流良好，财务状况相对稳定。但随着年龄的增长，家庭支出的增大，如房贷车贷、一家老小开支等，主动收入如果无法相应增加，就很容易陷入焦虑。提前布局被动收入，甚至被动收入覆盖家庭支出，则无须担心。通常来说，被动收入占比越高，财务自由度越高。

你的主动收入来自哪里？如何提高自己的被动收入？这是每个人都应该思考的问题。最好也能早早建立长期的发展眼光，训练理财思维，放大自身价值，主动创造被动收入（图7-3）。

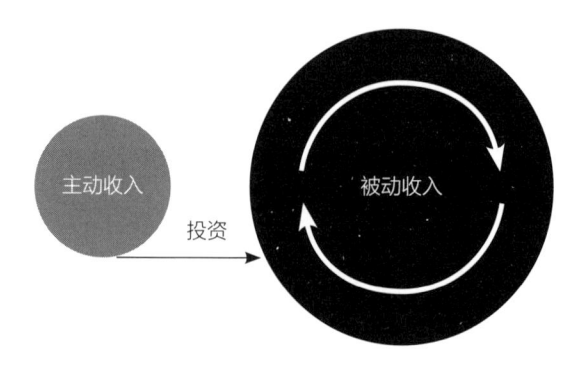

图 7-3 通过主动收入累计被动收入

第 3 部分 价值变现

《富爸爸穷爸爸》一书的作者发明了一款现金流沙盘游戏，浓缩了每个人为财务自由奋斗的一生。游戏分为两个赛道：老鼠圈和富人圈。玩家们一开始都在老鼠圈内，需要努力实现财务自由才能跳出老鼠圈进入富人圈，取得游戏胜利。

游戏开始前，每位玩家会抽取自己的职业，不同职业附带不同的资产负债表，有着不同的起始工资和支出。游戏中玩家会经历升职加薪、结婚生子、失业、买房等人生重大事件，也要尝试股票基金买卖、房产交易等投资行为。有的人能抓住投资时机，资产快速增值，积累财富，实现财务自由。有的人则不断经历失业、欠债等事件，负债累累，遗憾出局。

游戏模拟人生。在游戏中从老鼠圈进入富人圈，实现财务自由的方式就是被动收入大于日常开支。但很多时候，玩家会忽略这一点，一直埋头前行，忘了抬头看路。在生活中，我们也常常只看到自己每天做的事情，获得的收入，却忘了为未来布局，主动创造被动收入。

我们不是没赚到钱，而是缺少对钱的管理。在年富力强、创造财富最多的时候，没有用正确的方法把账户填满。正确的做法是：努力增加主动收入，同时培养理财思维，把主动收入变成资产，让资产带来被动收入，不断循环，直到财务自由。

大部分时候，我们赚钱是为了花钱，经常想的是等我有钱了要买一辆车，买个包包，吃一顿大餐……但有理财观念的人思考的是如何把到手的钱变成资产，如房产、基金、股票、保险等具备长期价值的投资。消费，钱花了就花了；投资，钱花了能赚回来。

当你存下主动收入，进行投资，逐渐积累被动收入，主动收入在总收入中的占比会逐渐缩小。资金池一开始只有一碗水，逐渐积累到一桶水、一片池塘、一个大湖、一片大海。直到有一天，被动收入覆盖支出，主动收入的影响可以忽略不计，财务就自由了。此时，你不用再为生活忧虑，有了自由的时间、足够的金钱，就可以做更多想做的事情。

总结一下，实现财务自由的路径，就是善用自己的时间和金钱，努力提升自我，增加主动收入，积极储蓄并转换为资产，创造被动收入，直到被动收入大于生活支出。

3. 储蓄你的本金

创造被动收入，首先要积累本金。收入并不等于本金，储蓄才是。

有人和我说："每当我说，现在要开始存钱了，总有个声音在旁边说'对自己好点'。这就是我存不住钱的原因。"这句话有没有说出你的心声呢？存钱为什么这么难呢？

因为消费主义充斥在我们身边几乎每一个角落。每天接触到的各类信息，手机里、电视上、电台广播中，甚至户外街边、电梯里都在"劝"人及时行乐，想买就买。广告里都在说着同样的话：痛点难点这儿能解决，别人有的你也要有，没钱可以贷款分期……尼尔森公司发布的《2019年中国年轻人负债状况报告》显示，86.6%的年轻人都在使用信贷产品，只有近半数人没有债务累积，甚至有 3.6% 的 "90 后"选择信贷逾期甚至以贷养贷。

支出会随着收入水涨船高，而且消费水平一旦提高，很难降下来。借贷一旦养成习惯，每个月都要还钱，每个月都缺一笔钱，永远也还不完。这怎么可能存钱？又何来储蓄？

成年人的一部分安全感与金钱有关。这几年，我对朋友说得最多的一句话就是：开源节流。开源可能受到外部环境的影响，但节流是自己可以控制的。节流最质朴的方式就是存钱，就是强制储蓄。

我们来做一个选择题，下面哪一个是你的储蓄方式：

（1）收入-支出＝储蓄。

（2）收入-储蓄＝支出。

大部分人的储蓄方式是第一个公式，工资发下来，先花钱，剩下多少再存起来。结果收入越来越高，支出也越来越高，储蓄却没半点增长。

怎么办呢？正确的方式是第二个公式，有收入后，第一时间储蓄一部分，剩下的作为支出。强制储蓄是违反习性的，却是成年人顶级的自律。

具体的方法是，开设一个"固定账户"，每次收入一到账，能把收入的 10% 存下来，不管是存定期，还是购买银行理财、国债、货币基金或理财保险都可以，尽量保证安全性。存下收入的 10% 是底线，因为这个比例不会对生活水平有太大的影响，但账户里的钱可以大大增加。如果能存下收入的 20% 是更好的，但要量力而行，保证生活质量。一两年可能没什么感觉，但三五年后就是很大一笔钱。这时候就可以将其转换为其他资产，创造被动收入。

7.3　管钱：守好你的钱袋子

正所谓"创业容易，守业难"，努力打拼，让自己值钱并赚到钱之后，用心管好钱同样重要。

你有没有盘点过自己的家庭资产和负债？有没有计算过未来生活需要多少钱？有没有想过实现自己的梦想需要花多少钱？

1. 梳理资产

通常我会建议大家每年都盘点一下家庭收入支出和资产负债情况，最好能将未来的支出也写下来，这样不仅能清晰地了解家中的财务状况，还能大致计算出未来需要赚多少钱。

管理时间的第一步是记录时间，理财的第一步是记账。如果对自己的收入支出不是特别清楚，总感觉钱一下子就花完了，最好的方法就是记账，梳理日常的收支，看一看现有账户情况以及投资了哪些资产，是不是投在了最合适的地方。记账能让我们了解自己的现金流，量入为出。同时对记账记下来的"收支"进行归类，也代表了一个人对生活的看法，更加了解自己在做什么，并对自己的行为负责，规划未来的财务。

前文已经提到过，财务自由就是被动收入大于日常开支。因此，实现财务自由有两条路径：一是增加被动收入，二是控制日常开支，也是我们常说的开源节流。

增加被动收入，除了理财收入，还有租金收入、版税收入等，我们可以根据自身的资源进行盘点，并积极创造收入。

控制日常开支，是每个人都可以做的。欲望是无穷的，如果今天买奢侈品，明天买游艇、买飞机，赚多少钱都不够花。我们要在保持生活质量的情况下，尽量控制支出。

2. 积极规划

财务自由不一定要有很多钱。一个人一年花费10万元，被动收入一年为11万元，被动收入大于日常支出，就是处于财务自由的状态。这种自由能让他摆脱生存压力，无须再"卖"出自己的时间，把时间都留给自己，做自己喜欢的事情。对很多人而言，尽早了解财务自由的概念并为此做准备，意味着可以撬动更多的资源，积极规划未来。

假设一个人现在30岁，即将结婚生子，为未来做财务规划，他的人生中有些事情是大概率会发生的，如买房买车、结婚生子、赡养父母、退休养老，这些人生大事可以提前规划所需费用，加上家庭日常开支，大致计算出未来所需要花费的金钱。如果他想实现一些梦想，需要金钱成本，也可以一并计算。当未来花费计算出来后，他就能知道自己这辈子大概还需要多少钱，并提前思考规划如何赚到这些钱。

我非常推荐《小狗钱钱》这本书，作者博多·舍费尔 26 岁遭遇个人财务危机，仅用 4 年就摆脱债务，后来实现财务自由并开始写书，告诉大家如何理财。在书中，作者提出要实现财务自由，意愿非常重要，并介绍了 3 个非常重要的工具。

第一个工具是梦想相册。梦想相册的具体做法是：罗列自己的梦想清单，并收集与自己愿望相关的照片，贴到相册里，每天看几遍相册，想象自己实现梦想的样子，还要为自己准备一个梦想储蓄罐，先储蓄再消费。

第二个工具是成功日记。准备一个成功日记本，每天至少记录 5 条个人成就。遇到挫折或困难的时候，去看一看这些自己做成的事情，就能恢复信心。

第三个工具是养鹅计划。书中有一个农夫与鹅的故事：农夫家中养了一只大鹅，他每天都要去取鹅蛋做早餐。一天他去取蛋的时候，发现鹅生了一个金蛋。他不敢置信，拿着金蛋找金匠鉴别，发现是真的，非常兴奋，于是他卖掉金蛋得到一大笔钱。接下来几天，他每天都能收到一个金蛋，一开始很高兴，后来却觉得鹅下蛋太慢了，它的肚子里一定有很多金蛋，不如直接杀了鹅，一次拿到金蛋。说干就干，他杀了鹅，却没有收获金蛋，鹅没了，金蛋也没了。故事里的"鹅"就是本金，"金蛋"就是利息。养鹅计划，就是理财计划，早早地积累本金，开始理财，长期坚持，才能获得源源不断的"金蛋"。

不管做什么，管钱要尽早开始。有个经典的对比：假设计划 60 岁存下 100 万元，年利率 3%，30 岁开始存钱，每个月只要存 1700 元，平均每天 60 元。如果一个人 50 岁才开始存钱，每个月要存 7000 多元，难度就大了很多（图 7-4）。

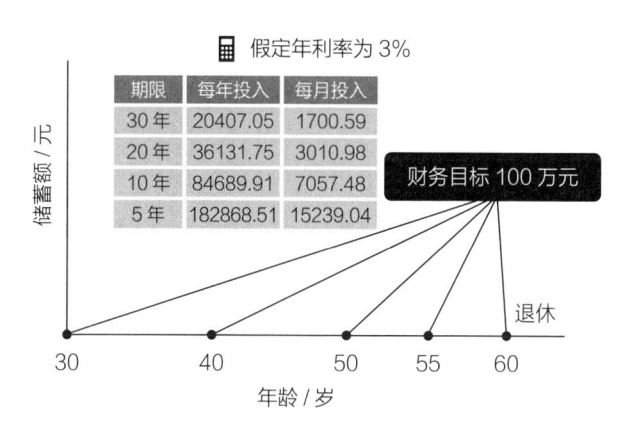

假定年利率为 3%

期限	每年投入	每月投入
30 年	20407.05	1700.59
20 年	36131.75	3010.98
10 年	84689.91	7057.48
5 年	182868.51	15239.04

财务目标 100 万元

图 7-4　存够 100 万元所需要的储蓄额

有一个词叫作"拿铁因子"，指的是看似很小的非必要消费，经年累月，加起来了就是一笔大开销。反过来，每天存下小小的一笔钱，经年累月，也将是一大笔钱。30 年存下 100 万元，平均每天 60 元，也仅仅只要两个人每天省下一杯咖啡钱。

难的地方不在于一天不喝咖啡或者一天存下 60 元，而在于坚持 30 年。只有极少数人能做到。

3. 规避风险

我们都希望这一生平安顺遂，但也都知道这个时代唯一确定的是不确定性。灰犀牛、黑天鹅看似离我们很远，却随时可能影响我们的生活。当它们到来时,受到考验的是我们的抗风险能力。财富是什么?财富 = 资产–风险,即挤出风险水分的资产。没有抗风险能力的资产,就是空中楼阁,很容易被风险击溃。

在保险行业,风险一般被分为几类:生存风险、支出性风险、所有权风险等。针对这些风险也都有解决方案,如生存风险可以由意外险、重疾险、医疗险、财产保险等险种来覆盖。支出性风险,如退休养老、子女教育、消费支出等,可以通过年金类保险实现。所有权风险则通过资产隔离、保险信托等方式避开。

无论选择怎样的理财方式,一定要保证自己的现金流,同时不要高估收益,存下来的钱才是自己的。我们要用更长远的眼光做投资,尽量规避风险。真正的高手投出一笔钱,就知道自己一定可以赚回来,因为他们非常确定会遇到什么风险以及如何规避。

规避风险很重要的一个方式是不把鸡蛋放在一个篮子里。资产可以分为流动资产、安全资产、收益资产,不同的资产放在不同的投资渠道。

- 基础的日常开支要保证流动性,选择安全流动性好的投资方式。
- 子女教育、养老生活等资金要保证中长期的安全,选择安全性高周期长的投资方式。
- 收益资产如股票、基金等,则根据自己的风险偏好,进行投资选择。

大家可以为自己的投资设定一些原则,如闲钱投资,不懂不做,定投养基十年等。任何时候,风险都是首先要被考虑的。风险来临时,守住现金流,资金不断流,保证生存支出。同时,做好长期财务规划,根据情况实时调整,再按照自身的风险承受能力,选择合适的投资渠道稳中求进。

本课复盘及思考

复盘

这一课围绕财商讲了三件事:值钱、赚钱、管钱。

值钱,是要让我们自己变得值钱。具体来说,就是打造自己的核心能力,让自己变得稀缺,变得不可替代。让自己变得稀缺有三个策略:人有我优、人无我有、跨界整合。

赚钱,是在提升自身的能力之后,用有限时间创造更大价值,获得更多主动收入,并积极创造被动收入。

管钱,需要培养自己的理财思维,在赚到钱之后,积极规划、持续投资,最终实现财务自由。

你不理财,财不理你。你若理财,财不离你。值钱、赚钱、管钱,是一个长期的过程,建立长期主义视角,做自己能做的事情,实现自己想要的生活。

思考

1.值钱、赚钱、管钱三个环节,你的卡点在哪里?梳理自己的卡点，思考原因和解决方案。

2. 梳理财务状况，包括资产、负债、收入、支出有什么问题？如何解决？

3. 你的财务目标是什么？如何才能达成？制订你的财务计划。

第8课 变现：找到个人商业模式

上一课讲财商，其培养的关键分三步，分别是值钱、赚钱、管钱。其中赚钱的核心点就是把一个人的时间、生产力和商业世界进行交换。交换的载体就是产品。这一课的主题是变现，围绕产品来说如何变现。

变现是一件非常重要的事情。一腔热情投入热爱的事业，付出时间和成本，如果无法变现，事业再有前景，也无法坚持很久，往往做一段时间就会放弃。要把一件事做很久，一定要有反馈，最好的反馈就是变现。

8.1 什么是个人商业模式？

想要变现，就要找到个人商业模式。怎么做呢？我们先来看两个案例。

2022年，刘畊宏"火了"。他在直播间，播放着周杰伦的《本草纲目》，跳着自创的毽子舞，身后是"累瘫"的妻子和岳母。门槛低，亲和力高，没有卖货，没有营销的直播间，在上海隔离期间，掀起全民健身热潮，众多"刘畊宏女孩"在屏幕那头和他一起运动。他也成为抖音有史以来涨粉速度最快的达人。

这一场爆火，是天时地利人和的结果。刘畊宏热爱健身，是专业的健身教练。之前他一直从事演艺工作，当演员、当歌手，也有很不错的资源，但一直没有出圈。直到碰上这个极其特殊的时刻，让他一直坚持的健身有了用武之地。加上短视频平台需要这样的主播，于是一拍即合。获得了流量，刘畊宏也开始了商业变现，包括软广植入、直播带货、商业代言等形式。

几乎同一时期，商业导师张琦也在短视频平台爆火，一个月内粉丝破千万，短视频账号矩阵播放量超20亿人次，单条视频播放量6500万人次。她的背景可以从账号的简介中大致了解：新商业架构师、全域流量架构师、企业赢利增长模式专家，500强企业资深商业顾问，服务过易泊车、平安保险、贝壳找房、IDO珠宝等100多家企业。我看过她的视频，内容扎实接地气，通俗易懂，国内外案例信手拈来。我觉得她现在的气场，没有一二十年的沉淀是做不到的。她说过一句话：没有横空出世，只有不为人知的努力。

后来我了解到，早在2019年，她就做过短视频，但没有什么水花，很快就放弃了，重回线下。2022年她"杀"回来，打了一场漂亮的翻身仗。去寻找她做成的原因，发现她采取了新的打法：把受众锁定为中小企业主，视频形式上使用他擅长的线下课做视频剪辑，以及矩阵化运营和赛马机制。

她的商业变现能力也非常强，一场直播卖课2小时，总销售额超过 200 万元。我特意去她的账号私信留言问：张琦老师有没有线下一对一咨询？很快我就得到回复，收获了很多相关信息。这说明张琦的个人商业模式早就设计好了，她不是说"我要做短视频"，就直接下场开干，而是确定商业变现方式，整体运营方式和成本，才出现在大家面前。加上她非常深厚的积淀，做起来显得游刃有余。

看了两个案例，你知道什么是个人商业模式吗？如果上网查询，基本上会得到一个很复杂的定义，我们回到概念本身来进行理解。

商业的本质是交易，如果一个商业行为没有产生交易行为，就不是商业。假设你家有一棵苹果树，结了 100 个苹果，自家人吃 50 个，送给亲朋好友 50 个，没有产生交易，就不是商业。100 个苹果，自家人吃 50 个，剩下 50 个拿出去卖掉，就产生了交易，属于商业。

商业模式是批量成交的方式，是利益相关者的交易结构。只要赚钱的地方就有商业模式的存在。有的商业模式显而易见，比如饮料公司卖饮料赚钱，快递公司送快递赚钱。

有的商业模式需要透过表面看到实质，比如麦当劳的商业模式表面是卖汉堡赢利，实际上它的主要收入来源是地产买卖和租赁；抖音是一家流量分发平台，营收主要来自广告收入；阿里巴巴最早是 B2B 平台，后来发展出淘宝天猫做 B2C 业务，其收入主要是服务佣金和广告费用；微软靠 windows 起家，以前的赢利模式主要是收取 windows 的授权使用费，纳德拉上任后进行了战略转型，云计算服务逐渐成为创收主力。多了解企业的商业模式，思考其中的各个影响因素以及它为什么能实现赢利，也可以帮助我们建立个人商业模式。

有的企业家在开始创业之前，就已经想清楚商业模式，想好未来要怎么做。亚马逊创始人贝佐斯是在餐厅吃饭时突发灵感，写下亚马逊的商业模式，也是后来大家所熟悉的亚马逊增长飞轮（图 8-1），此时他还没有开始创业。

图 8-1 亚马逊增长飞轮

这个增长飞轮被他写在餐巾纸上，简单来说就是亚马逊用更低的价格吸引更多的客户，更多客户带来更多购买量，价格进一步下降。流量增加，商家数量增加，商品变得更丰富，客户体验得到提升，客户数量进一步增加，客户忠诚度随之提高。

更低价格、更多客户、更多商家、更多选择、更好体验，不断循环，形成亚马逊的增长飞轮，推动亚马逊持续增长。贝佐斯的经历是极少数的情况，大部分情况下，创业者会定下一个商业模式，到市场中验证，在实践中迭代优化。

说了那么多企业，回到个人。每个人都是自己这家"无限责任公司"的 CEO，要让这家公司健康地运转下去，首先要清晰自己的个人商业模式是怎样的。如何梳理自己的个人商业模式呢？这里分享刘润老师和李笑来老师的观点。

刘润老师给人生商业模式总结了一个公式：人生商业模式 = 能力 × 效率 × 杠杆。简单来说，一个人最重要的能力，是获得能力的能力。要拥有获得能力的能力，就需要高效而可怕的勤奋。效率，首先要选择做最重要的事情，然后使用高效的方法和合适的工具。最后用团队、产品、资本、影响力四大杠杆撬动你的"无限责任公司"不断赢利。

刘润老师也亲身践行着这个公式。他做的是咨询，他认为他的第一客户不是别人，而是自己。作为一名商业顾问，他希望积累的核心资产是声誉。通过什么方法来积累声誉呢？作品，可以做好项目积累好案例，可以发表好文章，可以写出好书。好作品才能获得用户的认可。他每年都会写很多文章，也出版了很多本书。创作作品要怎么做呢？增长学识，必须参与真实的商业，解决具体的问题，才能拥有真知灼见。所以他每年会去企业探访，去各地游学。什么能带来学识呢？让自己变得更好，拥有好声誉，接触更多企业，链接更多优秀的人。声誉–

作品-学识-声誉，形成了一个增强回路，也成为他的人生商业模式的基础。

李笑来老师在《财务自由之路》一书中，从时间维度透视一个人的变量，他认为人生商业模式就是一个人出售自己时间的方式。本质上来说，所有人都是通过出售自己的时间赚钱，只是出售的方法有所不同。因此，人生商业模式基本可以分为三种：

- 第一种，同一份时间出售一次。

每天上班，月月领工资，相当于把一周五天每天八小时打包出售给老板。这些时间出售一次，收益一次。

- 第二种，同一份时间出售多次。

作家写了一本书，音乐家写了一首歌，老师发布了一门收费课程，一次付出，重复出售，持续收益。

- 第三种，购买他人的时间再出售。

老板就是付费购买了员工的时间，利用员工的时间赚钱。或者请专业人士来解决相应的问题，省下的时间自己可以赚更多钱。只要低买高卖，就有收益。

简单来说，个人商业模式就是你的"无限责任公司"如何赚钱。那么问题来了，产品是什么？服务是什么？目标客户是谁？有哪些核心资源？如何为客户提供产品或服务？如何引流？如何吸引客户关注？如何促进客户成交？

这些问题，你现在有答案吗？

8.2 个人商业模式的核心是产品

一家公司或一个项目的赢利有三个关键因素：产品、流量、转化率，三者缺一不可。个人商业模式的核心要素也是这三个方面，产品是什么，解决什么问题？用户在哪里，去哪里找流量？如何让用户买单，转化率有多高？无论是企业赚钱还是个人变现，产品都是核心。有的人人脉圈子很广，在圈子里很有影响力，但因为没有好的产品，无法变现。这种情况非常可惜。没有核心的产品，流量、转化、变现都是空谈。现在很多人想做事情，却不知道从何入手，就是因为缺乏产品能力，没有创造出自己的产品。

我从五年前开始做自己的产品，现在已经拥有了比较全面的产品体系，线上包括私房课、品牌营、表达营、共读营，线下有主题分享活动、企业参访活动，还有一个陪伴式的私教服务。这一系列课程，已经基本形成了个人成长的产品矩阵，这是我在五年时间里不断迭代优化的结果。五年前，这些都没有。所以大家要对自己有信心，用心挖掘自身的潜能，积极尝试，一定可以做出自己的产品。

产品是一个人和世界交换的载体。产品能力是一个人顶天立地的能力，这种能力不依赖任何人，不依赖任何平台。按主体来分类，产品可以分为两类（图 8-2）：

一是自己的产品。自己创造自己打磨，自己对它完全负责。

二是别人的产品。这个产品的研发设计生产都是由他人来做，你决定不了，比如销售代理，都是卖他人的产品，卖出后拿佣金或提成。

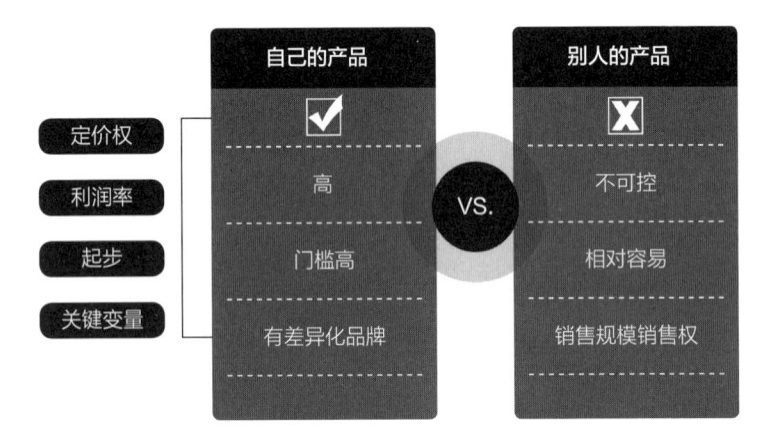

	自己的产品 ✓	别人的产品 ✗
定价权	高	不可控
利润率		
起步	门槛高	相对容易
关键变量	有差异化品牌	销售规模销售权

图 8-2　自己的产品 VS. 别人的产品

做自己的产品门槛相对比较高，可能一开始无法实现，这时候选择有竞争力的产品来销售也是一种好方法。卖他人的产品，门槛相对较低，可以借力生产者的资源，还有一个优势是锻炼自己的产品能力和销售能力，但定价权不在自己手中，会有一定的限制性条件，获得的回报有限。能力和各项条件基本具备之后，开始做自己的产品。你的产品由你全权把控，也由你全权负责。你拥有产品的定价权，收益更高，风险自然也更大。

定价权是一个好产品重要的评估要素之一。一个产品一调价，客户就不买了，说明生产者没有定价权，产品没有独特的价值和优势。真正有价值、市场有需求的产品，涨价并不会影响销量,其在市场上可以说是供不应求的,价格也非常坚挺。

做自己的产品虽然看起来很难,恰恰因为门槛高,让很多人望而却步。挺过前期艰难的起步阶段,打通商业模式的各个环节,接下来的发展会比较快速。如果你的产品有独特价值,能够在市场上占据一个生态位,就能持续发展。同时还可以打造品牌,积累品牌势能。

做别人的产品,如做代理,进入门槛比较低,在产品刚刚上市的推广阶段,利润相对比较高,后期可能出现很多竞争者,也可能有很多变数,这些变数是你所不能控制的,很多情况下只能接受,利润也会随之降低。代理产品很重要的一个权重条件是销售规模。要拿到更好的销售政策和提成,就必须做大规模。一旦规模上不去,代理权可能被拿走,可能被分割,收益也无法保证。

两种方式适合不同的人,没有绝对的好坏。选择适合自己的方式,好好做,做出成绩来。

在这里重点聊如何做自己的产品。赚钱的本质是从事生产。做产品的过程也是从事生产的过程。无论你现在的产品是什么,水平如何,都没关系,关键是开始做,在做的过程中一步步优化。做起来,越做越轻松。

无论你的产品是什么,一定要思考怎么收费。付费是一种仪式感,代表着双方的重视程度。有一句话叫作,免费的才是最贵的。免费的产品,付出了生产成本,但没有收益。用户收获一个免费的产品,也不会有太高的期待,甚至不会使用,但他的注意力实际上已经付出了。所以免费对交易双方来说都是有付出而没有收获的，这是一种浪费。付费，双方都会更重视，生产者有收益才能运转，才能迭代，用户付费才会重视，才会反馈，这些反馈和评价又可以促进产品迭代。这样才能形成一个良性的运转。

我的两位学员自从有了产品，推出课程，可以说是瞬间"天地宽"。原本没有产品，做事不聚焦，这里做一下，那里做一下，都是免费的，一身本事却无法和社会交易。定下方向，开始行动，他们萃取过往的知识经验，把想法一一落地，从无到有地推出课程，马上就获得了非常好的反馈。他们刚开始也不清晰方向，不知道做什么，在做的过程中，不断琢磨、不断研究，人群画像变得越来越清晰，要做什么也逐渐明确。没有谁第一天就想明白要去哪里，都是边学边做边看。人生不是计划出来的，是进化出来的。

常见的个人产品大约可以分为五类：实物产品、课程产品、社群服务、训练营、咨询／私教。

个人产品逻辑分为三个维度：优势是什么？社会需要什么？有没有回报？

从优势开始做产品。优势是一个人熟悉的、擅长的，从优势出发，既能发挥所长，也能快速做产品，获得市场反馈。

社会有需要，就是有痛点。如果你能解决某个痛点，很多人就愿意为之付费。做产品的时候就要思考它能解决什么问题，有什么价值。

有回报，才有能力有动力做下去。花时间耗精力做一件事，如果没有任何回报，即使充满热情愿意为爱奉献，也无法坚持很久。说得现实一点，每个人都需要生存，付出时间和精力做产品，却没有任何回报，生存无法保障的时候，必须去做其他有回报的事情，让自己生存下去。所以一个人的商业模式或产品逻辑，要和利益相关者绑定在一起。做事情尽量长久，哪怕频次不是那么高，但至少是一步步向前推进的。

有优势，有痛点，没回报，很难持续做下去，因为没有价值感。没优势，有痛点，有回报，做起来很痛苦，也无法坚持。

8.3　快速做出 MVP

做自己的产品，先完成一个最小闭环：

第一步，梳理自身情况，找出优势，对自己要做的事情有一个基本认知。

第二步，写出基本逻辑，做出最小可行性产品（Minimum Viable Product，MVP），并进行打磨修正。

第三步，测试 MVP，小范围测试，获得反馈。

第四步，迭代优化。产品不可行迅速放弃，回到第一步，重新做出 MVP。产品可行，迭代优化细节。

第五步，复制产品。

第六步，持续优化，赋予产品新的价值，扩大想象空间。

这个闭环中最重要的就是 MVP。MVP 这个概念来自《精益创业》，指的是如果想让自己的产品获得成功，最好的办法是先用最低的成本做一个具备基本功能的原型产品投入市场，验证产品的商业模式是否可行，也就是到底有没有人买，同时快速迭代修正产品，最终使其适应市场需求。

我的第一个 MVP 是共读营。我还记得那是 2019 年一个风雨交加的晚上，忐忑不安的我发出了一张共读海报。我不知道会有多少人报名，也不知道自己能不能做好，但我知道一定要做这件事。不久后，手机提示音一次次地响起，100 多人报名，支付 19.9 元的活动费用。直到共读开始，我都非常紧张，最终我没让自己打退堂鼓，硬着头皮上，想着大家如果反馈讲得不好，那我就把钱退回去。反馈却令我很惊喜，很多人说：讲得不错，很有收获。还有小伙伴私信说：要不你做一个更长期的课程，带带我们？这才有了后来的私房课，我战战兢兢地开课，生怕做不好。很幸运一直有很多伙伴的支持，也很庆幸自己一直坚持下来了。在现实中，只有开始做，才会发现这里有很美的风景；只有克服困难，才能看到雨后彩虹。

如果没有 MVP 去做测试（图 8-3），我无法获得后来的反馈，也不会开启下一个课程。因为这些课程，我和很多同学链接，成为朋友、客户。很多人问我："你为什么这么喜欢做内容，这么喜欢做课程？"因为有这么多反馈，反馈意味着有价值，我自己得到锻炼，也很享受成长的过程，更何况还有回报。回报是一个很现实的问题，我从来不回避，大家也无须避讳，真正认可你的人会愿意为你的价值付费。

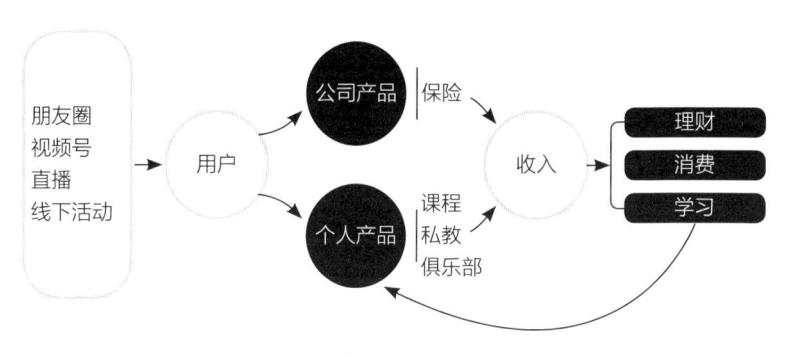

图 8-3　个人商业 MVP 模型

我所做的事情，形成了一个漏斗。首先通过朋友圈、视频号、直播、线下活动等渠道，我不断认识新朋友，彼此链接。新朋友都会"沉淀"到我的微信上，变成我的用户。这些用户可能购买我的个人产品，也可能购买我的公司产品。我的公司产品是保险，也是我的核心业务，个人产品则主要是课程。现在我依然坚持主业，同时丰富我的个人产品矩阵，两者相辅相成，我的选择性更多，我的成长空间也更大。我更看重长期价值，有的产品短期不能变现，但我认为有长期价值，也会投入时间和精力。当然我也很重视回报，赚钱也是人生大事。各项产品都会给我带来收入，有多有少，共同组成多元化的收入结构。

无论是做公司产品，还是做自己的产品，我都很注重自己的成长性。交付产品或服务的过程中，也不断积累，快速成长。我是产品的创造者，但当我把它完成送到市场上，它的创造者就变成了我和所有用户。在我们的互动中，产品不断优化迭代。

随着我的能力结构和收入结构变得更丰富，我有了更强的底气应对风险。

一开始的漏斗越大，影响力越大，品牌调性越高，越多人认同你，和你产生链接，就可以逐渐沉淀并分流到不同渠道或项目。当他们为你的产品或服务付费，你交付产品或服务，获得收入，这部分收入可以进行再投资，投资自己，让自己增值；投资理财，获得更多收入。无论是自己的增值，还是收入的增加，都可以再投入，迭代产品。在行动的过程中，你可能会发现新契机，收获新观点，碰撞新火花，打造新产品。这就形成一个积极的循环，不断循环，不断成长。

8.4　打造人生护城河

《富爸爸穷爸爸》里有一个故事，一个村庄没有水了，村长代表村民委托两个年轻人，给村庄找水，并承诺支付报酬。第一个年轻人爱德马上行动，买了两个大桶，每天到 10 千米外的湖泊，从湖里提水送回村庄。他很快赚到了钱。另一个年轻人叫比尔，签订合同后就从村里消失了。半年后，他带了一个施工队和一笔投资回到村庄。原来他在过去半年的时间里做了商业计划，找到投资，注册公司，雇用专业施工人员。回到村庄后，又花了一年多的时间，修建了一套从湖泊通往村庄的供水管理系统。清水从水龙头涌出的瞬间，爱德的生意被摧毁了。

爱德行动迅速，说做就做，很快变现。比尔谋定而后动，充分调研，思考更长远的解决方案。爱德赚钱靠勤奋，比尔赚钱靠的是商业模式。所以爱德没有护城河，一旦遇上竞争者，很快就会失去优势，陷入市场竞争中。比尔有商业头脑，撬动资源，把事做成。建立管道，只需要一年半的时间，接下来只需要坐在家里就有收获。

有的人每天做着重复的事情，感觉自己很勤奋，并希望借此改变生活获得成功。这是不可能的。应该思考有没有更好的方法？能不能做些什么改进当前情况，哪怕只是提高一点点效率？流量改变存量，存量改变世界。我们在工作生活中不断积累，持续成长，真正留下的那部分才是生活的全部。其中绝大部分是习惯，习惯就是人生中的存量。越做越轻松，越做越容易，越做越简单的事情，就属于存量，也是你应该不断追求和构建的优势。

贝佐斯在很多场合讲过一句话："很多人问我未来十年会有什么变化，但是很少人问我未来十年什么是不变的。显然第二个问题比第一个问题更重要。因为只有搞清楚这个问题，你才能让你的商业建立在一个稳定的基础之上。"

对个人来说，未来十年甚至是更长时间里，什么是不变的？学习的能力、行动能力、沟通表达能力、理财能力……这些能力在任何时候都很重要。这个世界唯一不变的就是变化。我们要找到那些不断构建能力优势的慢变量。

护城河理论是巴菲特价值投资的核心。投资一家企业，巴菲特首先考虑的是企业是否拥有不断加宽的护城河。可口可乐，就是他所喜欢的拥有护城河的企业。即使可口可乐所有的工厂都被烧毁了，只要可口可乐的品牌在，它依然可以重新站起来。

商业世界里，企业的护城河包含了无形资产、成本优势、网络效应、转换成本、有效规模等几个方面。

- 无形资产包括品牌、专利、牌照等，如银行、保险等金融公司一定要有国家颁发的牌照。
- 成本优势主要是公司以更低的成本提供产品或服务，扩大规模或增加效能，获得了更丰厚的利润。
- 网络效应出现在企业拥有越来越多的用户之时，这时候产品服务对新老用户的价值也随之增加。
- 转换成本指的是在同类产品中进行转换，因此产生的不便或其他支出。如手机两大操作系统安卓和IOS，要进行迁移的话，需要用户适应一段时间，这会让很多人放弃迁移，还是选择原来的方式。
- 有效规模描述的是一种动态机制。有效规模的市场由一家或少数几家公司提供有效服务。

回到个人，把自己想象成一个堡垒，保持自己的竞争力，修建护城河，有三件事可以做：

- **一是看得远**。把自己的城堡构建在相对安全的地方，最好附近资源丰富。如果明知是沙漠，还去打井，就没有必要。
- **二是跑得快**。明确自己的定位和方向，快速开始行动，勤奋努力日日不断。

- **三是站得高。**塑造自身的影响力，站到高处，让自己被看见，让他人知道你的能力和价值，知道你的故事和作品。

我从 2015 年开始，每年都在尝试新事物，但是主轴没有变，一直做专业和品牌两件事，一直在学习实践。与其第一，不如唯一，这是我一开始就确定的行动方式。现在，我的个人商业模式已经和同行业的人形成了差异化。持续学习，获得更高维的认知，用更强的执行力，更高效地做事。在此过程中，我不断地被看见，不断地收到反馈，课程、视频号、直播、作品、成绩等都在持续迭代。我还在不断吸收和学习新知识，并将其融入作品中，形成良性循环。

形成自己的影响力，就是持续拿到结果。同时将成长过程展现出来，让他人看见。持续行动，你会给自己构筑坚不可摧的堡垒和宽阔的护城河。到时候任凭世界怎么变，你自有岿然不动的定力，因为你知道自己坚持做的事情能对抗不确定性。疲惫的时候，就看看自己写下的梦想册，提醒自己，路还长，需要继续前行。

本课复盘及思考

复盘

这一课讲的是如何找到自己的个人商业模式，讲了商业模式、产品、MVP，以及人生护城河。希望给你一些启发。

我非常喜欢一句话：从第一个客户到第一桶金。你可以从现在开始梳理自己的人生商业模式，设计自己的优势产品，快速做出 MVP，获得市场反馈，迭代出成熟产品，并在过程中构建自己的人生护城河。

思考

1. 设计你的个人商业模式：产品是什么？服务是什么？有什么独特价值？能解决什么问题？目标客群是哪些？如何吸引他们？

2. 设计一个 MVP。

3. 思考如何构建自己的人生护城河。

| 结语 |

勇往"值钱",从现在开始行动

就个人商业进化而言,本书中的3个部分和8堂课形成了一个"无限责任公司"完整的经营策略。实践书中的原则和方法,一定能有所收获。孔子在《论语》中说:"君子务本,本立而道生。"本分就是把该做的事做好,才有可能真正想清楚自己要做什么,才能帮助更多人。把自己做好,让自己增值,才能给他人创造价值。

第1部分讲武装自己,包括学习、行动、效能3堂课。

第1课是"学习:培养终身高效学习能力"。

学习,学是获取,习是实践。学概念,学模型,学系统,学完之后一定要习,打通"输入-输出-实践"的高效学习闭环。你的"无限责任公司",只会在你的思维空间成长。高效学习,拓展你的思维空间,让你的"无限责任公司"拥有更大的成长空间。

第2课是"行动:成为极致践行者"。

没有实践,没有行动,等于没有存在。培养极致行动力的点线面体模型,从"点"开始,扣动行动的扳机,想做就做,说做就做。连点成"线",形成闭环,跑通最小行动闭环,先完成再完美，迭代优化快速改进。铺线成"面"，把重复的行为培养成习惯，坚持行动，积累人生存量。叠面成"体"，找到自己的愿景使命，努力实现人生意义。

第3课是"效能：掌握高效能充电法"。

做一个卓有成效的人，从方向、效率、精力三个方面提高效能。找到前行的方向，设定清晰的目标，做正确的事情。管理好时间，善用好工具，用正确的方法做事。做好精力管理，训练体能精力、情绪精力，保持充沛精力，支持高效能人生。

第2部分讲与人链接，包括影响他人、高效沟通、领导他人3堂课。

第4课是"影响他人：打造个人品牌的方法论"。

在这个时代，有才华的人很多，如何脱颖而出？最好的方法是打造个人品牌，放大自身影响力，创造更多价值。

过去几年我持续打造自己的个人品牌，总结出振源个人品牌三步法：我是谁，我的代表作，我的传播。厘清自己当下的定位，确定方向，梳理标签，做好诠释，创造代表作，再通过各个渠道传播出去。每半年或一年迭代一次，微调方向，更新代表作，继续传播。记住，你自己就是行走的广告牌。

第5课是"高效沟通：走心沟通的底层心法"。

沟通是每一个人的刚需，也是一场无限游戏。我们和他人通过一次又一次的沟通互动，建立链接，相互信任。

掌握沟通的底层逻辑，掌握振源老师高效沟通模型，基于倾听、输出、渠道、情绪这四大沟通要素，掌握沟通技法，了解行为背后的逻辑，学习沟通模型，条理清晰地与人沟通。

第6课是"领导他人：塑造可复制的领导力"。

领导力有两种力，一种是推力，另一种是拉力。不用推力，用拉力，成为专家，成为榜样，培养说服力，用自身的影响力吸引人们的靠近。主动承担责任，按照近悦远来的原则行事，展示自身的领导力。

提升领导力，还可以积极营造团队氛围，运用沟通视窗，讲一个好故事，帮大家设计目标，带着大家一起解决难题，一起成长突破。如果有一天你能成功，是因为你身边大多数人都希望你能成功。

第3部分讲价值变现，包括财商、变现两堂课。

第7课是"财商：处理好金钱关系"。

培养财商分三步，分别是值钱、赚钱、管钱。

值钱，是要运用"人有我优、人无我有、跨界整合"三个策略，打造自己的核心能力，让自己变得稀缺，变得不可替代。

赚钱，要用有限时间创造更大价值，获得更多主动收入，创造被动收入。

管钱，尽早开始投资，管理好投资风险，努力实现财务自由。

值钱、赚钱、管钱，是一个长期的过程，建立长期主义视角，做自己能做的事情，实现自己想要的生活。

第8课是"变现：找到个人商业模式"。

个人商业模式就是你赚钱的方式,你的"无限责任公司"如何赢利?

梳理你的人生商业模式,设计优势产品,快速做出 MVP,获得市场反馈,迭代出成熟产品,并在过程中构建自己的人生护城河。

我们都是自己人生的 CEO,接下来让我们一起武装自己,与人链接,价值变现,不断循环,一起勇往值钱,创造一家崭新的"无限责任公司"!

最后,我想说,这本书从一个想法到出版成书,历经 3 年时间,其间得到身边许多朋友的鼓励和支持。在此特别感谢。

感谢剑飞老师在我犹豫不决的时候,给我极大的鼓励和支持。

感谢大都会人寿浙江分公司总经理贺恋疆先生的引领及为本书作序。

感谢插图设计师洛水的精彩绘制,为本书增色不少。

感谢中国科学技术出版社大众策划部的鼎力支持,正因为你们的专业指导,才让这本书如期出版。

最后感谢我的太太米圆对家庭的辛勤付出,没有你的支持,这本书难以完成。